基于图谱理论的图像分割

刘汉强　著

科　学　出　版　社

北　京

内 容 简 介

聚类分析是统计模式识别中无监督模式识别的一个重要分支。基于图谱理论的聚类方法通过构造样本之间的相似图,得到样本的聚类结果。本书主要介绍基于图谱理论的聚类方法,并对模糊理论和进化计算方法在图像分割中的应用进行介绍。本书立足于图划分和谱聚类算法,主要论述基于数据约简的谱聚类算法、非局部空间谱聚类图像分割算法、基于模糊理论的谱聚类图像分割算法和免疫克隆选择图划分算法等内容。

本书可供人工智能、模式识别和图像处理等方向的科研人员和高校师生参考。

图书在版编目(CIP)数据

基于图谱理论的图像分割 / 刘汉强著. —北京:科学出版社,2023.5
ISBN 978-7-03-074045-8

Ⅰ. ①基⋯ Ⅱ. ①刘⋯ Ⅲ. ①图像分割 Ⅳ. ①TN911.73

中国版本图书馆 CIP 数据核字(2022)第 227405 号

责任编辑:宋无汗 / 责任校对:崔向琳
责任印制:赵 博 / 封面设计:陈 敬

科 学 出 版 社 出版
北京东黄城根北街 16 号
邮政编码:100717
http://www.sciencep.com

北京凌奇印刷有限责任公司印刷
科学出版社发行 各地新华书店经销
*
2023 年 5 月第 一 版 开本:720×1000 1/16
2024 年 5 月第二次印刷 印张:10 1/2
字数:212 000
定价:118.00 元
(如有印装质量问题,我社负责调换)

前　言

聚类分析是统计模式识别中无监督模式识别的一个重要分支，它根据"物以类聚"的道理，把性质相近的个体归为一类，使得同一类中的个体都具有高度的同质性，不同类之间的个体都具有高度的异质性。聚类分析在许多领域有非常广泛的应用，其中比较典型的应用包括语音识别、故障检测和图像处理等。

给定一组样本，样本之间的相关性可以用图来表示，图中的结点，即每个数据样本，结点之间边的权重表示样本间的相似程度。图谱理论主要是通过图的邻接矩阵、拉普拉斯矩阵和关联矩阵等代数表示，应用矩阵论来研究图的拓扑性质及其确定性，并进一步描述样本之间的关系。图谱理论发展迅速，在数据挖掘、计算机视觉、复杂网络等领域得到了广泛的应用。谱聚类算法是建立在图谱理论基础之上的一种新的聚类方法，它通过构造数据点间的相似图，利用图谱理论及合理的图划分准则得到图的最优划分，从而得到原始数据的聚类结果。与传统的聚类方法相比，谱聚类算法能在非凸的样本空间上聚类且收敛于全局最优解，是机器学习领域的一个研究热点，受到不同领域学者的广泛关注。

图像分割是指将一幅图像分解为若干互不交叠区域的集合，是图像处理与机器视觉的基本问题之一。图像分割本身也可以看作对图像中的像素进行聚类的过程，尽管图谱理论在解决数据聚类问题时具有许多优势，但是图像的尺寸越大，图像像素间相似图的存储越困难，而且相似图构造的有效性也影响最终分割结果的性能。因此，如何有效地将图谱理论应用到图像分割中，并获得理想的分割结果将是研究热点。

本书是图谱理论在图像分割方面应用的专著，主要以作者科研工作的研究成果为基础撰写而成，立足于图划分和谱聚类算法，详细论述这些算法在图像分割中的应用。本书可供人工智能、模式识别和图像处理等方向的科研人员和高校师生阅读参考。

本书相关研究获得了国家自然科学基金项目（62071379、61571361、61202153）、陕西省自然科学基础研究计划项目（2020JM-299）和中央高校基本科研业务费专项资金项目（GK202103085）的资助，在此一并表示感谢。此外，感谢陕西师范大学计算机科学学院的大力支持。

由于作者学识有限，本书难免存在不妥之处，敬请读者批评指正。

目　　录

第 1 章 绪 论

随着时代的进步和计算机软硬件的发展，现代计算机已经具有了强大的计算能力和信息处理能力，甚至在目标识别、信息感知等方面超过了人类。模式识别是指对表征事物或现象的各种形式（数值、文字或图像等）的信息进行处理和分析，从而对事物或现象进行描述、辨认、分类和解释的过程，是信息科学和人工智能的重要组成部分[1]。模式识别的目的是使计算机能够自动地对信号或图像等对象进行辨别和分类。模式识别被成功地应用到很多领域[1-3]，如生物核糖核酸序列分析、身份认证、语音识别、数据挖掘、信号处理和图像理解等。

模式就是通过对事物或者对象进行观测所得到的具有时间和空间分布的信息。模式识别又常称为模式分类，就是将待识别的模式划分到各自的模式类中。模式类为模式所属的类别或同一类中模式的总体，也称为类。从处理问题的性质和解决问题的方法等角度出发，模式识别可分为监督模式识别和无监督模式识别。监督模式识别需要知道学习样本的先验知识，是指用已知分类情况的样本对分类系统进行学习（训练），然后采用学习完的分类系统对未知样本集进行分类。与监督模式识别相对应的是无监督模式识别，它不需要知道样本的先验知识，直接对未知样本进行分类。

聚类分析是统计模式识别中无监督模式识别的一个重要分支，也是多元统计分析的方法之一[3,4]。它试图将数据集分成不同的几个子类，使得同一类的样本尽可能相似，不同类的样本尽可能不相似。聚类分析的研究丰富了模式识别的理论，促进了模式识别的应用，也对计算机视觉、图像处理和模糊控制等相关领域的发展产生了重要影响[5-7]。谱聚类算法是一种比较流行的聚类方法，它建立在图谱理论基础之上，通过构造数据点间的相似图，利用某种图划分准则得到该图的最优划分，从而得到原始数据的聚类结果。本书主要针对谱聚类算法在实际应用中存在的一些问题，提出改进方法，能为聚类分析在数据挖掘中的应用起到积极的促进作用。

1.1 聚 类 分 析

1.1.1 聚类概况

聚类分析是将给定的模式分成若干类或簇，对于所选定的属性或者特征，每个类内的模式是相似的，不同类中的模式差别较大。因此，一个类是由聚集在一起的相似模式组成的。下面给出类的定义[8]：

（1）类是相似模式的集合，属于不同类的模式不相似；

（2）类是测试空间中的点的集合，类中任意两点之间的距离比任何类内点与类外点之间的距离小；

（3）类可以描述成一个多维空间上的连通区域，并且它含有相对高的点密度，可和与它类似的高密度连通区域通过一个相对低密度的点区域隔离开来。

假设 $X = \{x_1, x_2, \cdots, x_n\}$ 是待聚类的样本集，聚类的最终目的是将样本集 X 划分成 c 个子类 $C_1, C_2, \cdots, C_c$，并满足下列条件：

$$\begin{cases} C_1 \bigcup C_2 \bigcup \cdots \bigcup C_c = X \\ C_i \bigcap C_j = \varnothing, \quad 1 \leq i \neq j \leq c \end{cases} \tag{1-1}$$

聚类分析在许多领域有非常广泛的应用[9,10]，其中比较典型的应用包括数据压缩、特征提取、分组预测、图像处理等。聚类方法主要分为基于划分的聚类方法、基于层次的聚类方法、基于密度的聚类方法、基于网格的聚类方法、基于模型的聚类方法、基于图论的聚类方法等。

（1）基于划分的聚类方法：给定一个样本集，基于划分的聚类方法通过优化一个准则函数将样本集划分为 c 个类，这 c 个类必须满足每个类至少包含一个样本和每个样本必须属于且只属于一个类的要求[11]。最典型的划分方法包括 k 均值（k-means，KM）聚类算法[12]、模糊 c 均值（fuzzy c-means，FCM）聚类算法[13]和基于随机选择的聚类算法[14]等。

（2）基于层次的聚类方法：对给定的数据集进行层次的分解，直至达到分类要求为止。基于层次的聚类方法可以分成凝聚的层次聚类和分裂的层次聚类两大类。凝聚的层次聚类也称为自底向上的聚类，首先将每个样本各自组成一个单独的类，然后在迭代的过程中按照一定的准则逐渐合并，直到满足某个终止条件后算法停止。分裂的层次聚类正好相反。典型的基于层次的聚类方法包括基于层次方法的平衡迭代规约和聚类方法[15]、基于代表点的聚类算法[16]、基于动态建模的多阶段层次聚类算法[17]等。

（3）基于密度的聚类方法：该类方法考虑数据的密度，尝试发现任意形状的类。密度的概念是基于距离函数的，即将相距很近的点构成一个高密度区域。基于密度的聚类方法不但可以发现任意形状的类，还能够有效地去除噪声。常见的基于密度的聚类方法有点排序识别聚类结构算法[18]、基于 k 近邻和密度的自适应聚类方法[19]和基于密度敏感相似性的鲁棒密度峰值聚类算法[20]等。

（4）基于网格的聚类方法：采用一个多分辨率的网格数据结构，将数据所在空间量化为有限数目的单元，所有的聚类操作都在这些单元形成的网格上进行[21-23]。该类方法的处理速度快，其处理时间与数据对象的数目无关，只依赖于量化空间中每一维的单元数目[22]。常见的基于网格的聚类方法有采用小波变换的多分辨率网格聚类算法[24]、用于地理空间数据的格增长聚类算法[25]等。

（5）基于模型的聚类方法：基于模型的聚类方法为每个类假定一个模型，然后试图找到数据与给定模型之间的最佳拟合。这种模型可能是数据点在样本空间中的密度分布函数或者其他。基于模型的聚类方法主要有基于统计学的聚类方法和基于神经网络的聚类方法两大类。基于统计学的聚类方法中，最经典的是Fisher[26]提出的增强的概念聚类算法。随后，Ordonez 等[27]通过改进期望最大化（expectation maximization, EM）算法，提出了快速鲁棒的 EM 算法，使其更适合大规模数据的聚类问题。此外，还有 Kosmidis 等[28]提出了基于 Copula 的混合模型聚类方法。基于神经网络的聚类方法包括 Potočnik 等[29]提出的自组织神经网络聚类方法和 Thierry[30]提出的神经网络证据聚类方法等。

（6）基于图论的聚类方法：将所有的数据看成顶点，顶点之间边的权值由数据点之间的相似性确定。基于图论的聚类方法通过构造样本之间的加权图，进而优化有效的图划分准则得到顶点的最佳划分。一般来说，最优划分准则使得划分后的子图内顶点相似度最大，不同子图顶点之间的相似度最小[31]。经典的基于图论的聚类方法包括最小生成树聚类方法[32]和谱聚类方法[31,33-35]等，在数据聚类和图像分割等领域都发挥了重要的作用。

1.1.2　经典聚类算法

下面给出几种经典聚类算法的具体介绍。

1. 模糊聚类算法

传统的聚类分析是一种硬聚类，它把每个待辨识的对象严格地划分到某一类中，因此具有分明的类别划分界限。以 KM 聚类算法为例，对于给定的具有 c 个类别的样本集，通常采用误差平方和准则作为目标函数，首先随机选取 c 个样本作为初始的 c 个类的中心，其次将每个样本分配到距离自己最近的中心所代表的类，最后重新计算分配完成后每个类中样本的均值并将其作为新的中心。这个过程不断重复，直到满足迭代停止条件为止。

然而，现实生活中很多事物的属性人们无法给出一个精确的描述。作为一种经典的划分聚类方法，模糊聚类算法采用模糊的方法来对数据进行聚类，给出了样本对于类别的不确定性程度，能客观地反映现实世界，成为聚类方法研究的一个重要分支[36,37]。

1974 年，Dunn[38]把 KM 聚类算法推广成模糊化的形式。随后，Bezdek[13]将Dunn 的目标函数推广为更普遍的形式，提出了 FCM 聚类算法，该算法的目标函数为

$$J_{\text{FCM}} = \sum_{i=1}^{c}\sum_{j=1}^{n} u_{ij}^{m} d^2(x_j, v_i) \tag{1-2}$$

式中，$u_{ij} \in [0,1]$ 为样本 x_j 对聚类 i 的模糊隶属程度，需要满足下列条件：

$$\begin{cases} 0 < \sum_{j=1}^{n} u_{ij} < n, & \forall i \\ \sum_{i=1}^{c} u_{ij} = 1, & \forall j \end{cases} \tag{1-3}$$

$m \in (1,\infty)$ 为加权指数（或平滑参数）；$d(x_j, v_i)$ 为样本 x_j 与聚类原型 v_i 之间的欧氏距离；n 为待聚类样本的数目；c 为聚类数目。下面对 FCM 聚类算法的具体算法流程进行介绍。

步骤 1：初始化聚类中心 $V^{(1)}$，选取阈值 ε 和最大迭代次数 T，设置迭代次数 $k=1$。

步骤 2：利用下述公式计算 $U^{(k)}$。

如果 $\forall j, r, d(x_j, v_r(k)) > 0$，则

$$u_{ij}(k) = \left\{ \sum_{r=1}^{c} \left[\left(\frac{d(x_j, v_i(k))}{d(x_j, v_r(k))} \right)^{\frac{2}{m-1}} \right] \right\}^{-1} \tag{1-4}$$

如果 $\exists j, r$ 使得 $d(x_j, v_r(k)) = 0$，则令

$$u_{ij}(k) = 1，且对 i \neq r，u_{ij}(k) = 0 \tag{1-5}$$

步骤 3：利用下述公式计算新的聚类中心 $V^{(k+1)}$：

$$\forall i, \quad v_i(k+1) = \frac{\sum_{j=1}^{n} u_{ij}^{m}(k) x_j}{\sum_{j=1}^{n} u_{ij}^{m}(k)} \tag{1-6}$$

步骤 4：如果 $k>T$ 或 $\left\| V^{(k+1)} - V^{(k)} \right\| < \varepsilon$，则算法结束；否则，$k=k+1$，返回步骤 2 继续执行。

上述算法也可以从初始化隶属度矩阵 $U^{(1)}$ 开始执行，这里就不再赘述。

作为一种简单有效的模糊聚类算法，FCM 聚类算法在许多领域得到了很好的应用[37,39-42]。需指出，以 FCM 聚类算法为基础，人们又提出了一大批 FCM 的改进算法。

1）加速的 FCM 聚类算法

为了加速 FCM 聚类算法的收敛速度，Fan 等[43]提出了抑制性模糊 c 均值（suppressed fuzzy c-means，SFCM）聚类算法。在范九伦等工作的基础上，Zhu 等[44]通过在 FCM 聚类算法的目标函数中引入一个隶属度约束项，提出了广义模糊 c

均值（generalized fuzzy c-means，GFCM）聚类算法。

在 SFCM 聚类算法中，每一次的迭代都适当地放大每个样本的最大隶属度，适当地抑制其他隶属度。具体来说，对于样本点 x_j，如果它对第 p 类的隶属度最大，则按照下式对隶属度进行修正：

$$\begin{cases} u_{pj} = 1 - \alpha \sum_{i \neq p} u_{ij} = 1 - \alpha + \alpha u_{pj} \\ u_{ij} = \alpha u_{ij}, \quad i \neq p \end{cases} \tag{1-7}$$

可以看出，该修正操作不会改变样本对各个类的隶属度值的大小次序。此外当 $\alpha = 0$ 时，SFCM 聚类算法就退化为 KM 聚类算法；当 $\alpha = 1$ 时，该算法为 FCM 聚类算法。因此，SFCM 聚类算法自然地将 KM 聚类算法和 FCM 聚类算法联系起来。通过合理地选择参数 α，SFCM 聚类算法能同时具有 KM 聚类算法的收敛速度快和 FCM 聚类算法分类性能好的优点，使得其既能保持良好的分类，又能耗费较少的时间。SFCM 聚类算法要求在 FCM 聚类算法步骤 3 之前采用公式（1-7）对隶属度矩阵 $U^{(k)}$ 进行修正，其余步骤与 FCM 聚类算法类似。

GFCM 聚类算法[44]在 FCM 的目标函数中引入了一个新的隶属度约束项，使得数据划分更加分明。在合适的参数下，GFCM 聚类算法要比 FCM 聚类算法收敛得更快。具体来说，GFCM 聚类算法为每一个数据点的隶属度引入了一个约束项 $f(u_{ij}) = \sum_{i=1}^{c} u_{ij}(1 - u_{ij}^{m-1})$，得到新的目标函数，具体形式如下：

$$J_{\text{GFCM}} = \sum_{i=1}^{c} \sum_{j=1}^{n} u_{ij}^m d^2(x_j, v_i) + \sum_{j=1}^{n} a_j \sum_{i=1}^{c} u_{ij}(1 - u_{ij}^{m-1}) \tag{1-8}$$

利用拉格朗日乘子法，可以得到 GFCM 聚类算法的聚类中心 v_i 和隶属度函数 u_{ij} 的更新公式，具体如下：

$$v_i = \frac{\sum_{j=1}^{n} u_{ij}^m x_j}{\sum_{j=1}^{n} u_{ij}^m} \tag{1-9}$$

$$u_{ij} = \frac{1}{\sum_{r=1}^{c} \left(\frac{\|x_j - v_i\|^2 - a_j}{\|x_j - v_r\|^2 - a_j} \right)^{\frac{1}{m-1}}} \tag{1-10}$$

式中，为了使 u_{ij} 满足 $0 \leqslant u_{ij} \leqslant 1$，$a_j = \alpha \cdot \min\left\{ \|x_j - v_s\|^2 \big| s \in \{1, 2, \cdots, c\} \right\}$，参数 α 影响着 GFCM 聚类算法的收敛速度，α 越大，算法收敛速度越快。

GFCM 聚类算法的主要步骤如下。

步骤 1：选取阈值 ε，设置算法最大迭代次数 T 和参数 α，初始化聚类中心 $V^{(1)}$，设置迭代次数 $k=1$。

步骤 2：利用公式（1-10）计算隶属度函数 $u_{ij}^{(k)}$。

步骤 3：利用公式（1-9）计算聚类中心 $v_i^{(k+1)}$。

步骤 4：如果 $\left\| V^{(k+1)} - V^{(k)} \right\| < \varepsilon$ 或者 $k>T$，则迭代结束，输出最终的聚类中心和隶属度矩阵；否则，$k=k+1$，跳转到步骤 2 继续迭代。

上述算法也可以从初始化隶属度矩阵 $U^{(1)}$ 开始执行。

2）结合空间信息的模糊聚类算法

由于传统 FCM 聚类算法没有考虑图像像素的空间信息，将其应用于含噪图像分割时，该类算法对图像中的噪声非常敏感，不能获得令人满意的分割结果。为了提高 FCM 聚类算法在图像上的分割性能，有效地抑制图像噪声对 FCM 聚类算法的影响，许多研究学者对传统的 FCM 聚类算法进行了改进，提出了许多结合空间信息的 FCM 图像分割算法[40,45-48]。

Ahmed 等[40]在 FCM 聚类算法的目标函数中引入了一个空间邻域项，提出了一种基于空间约束的模糊 c 均值（fuzzy c-means with spatial constraint，FCM_S）聚类算法，并把该算法应用到了磁共振（magnetic resonance，MR）图像的分割中。该算法不仅考虑了图像像素的灰度特征，还考虑了像素邻域像素的影响，大大降低了噪声对算法的影响。然而 FCM_S 聚类算法的缺点是在算法的每次迭代过程中都要计算每个像素的邻域空间信息。为此 Chen 等[45]分别引入均值滤波图像和中值滤波图像来代替 FCM_S 聚类算法目标函数中的邻域项，提出了 FCM_S 聚类算法的两个改进版本，即 FCM_S1 和 FCM_S2，进一步降低了 FCM_S 聚类算法的复杂度。随后，Chen 等利用一种核诱导距离代替欧氏距离，提出了 FCM_S1 和 FCM_S2 算法的核版本，即 KFCM_S1 和 KFCM_S2。另外，Kang 等[46]为图像中的每个像素构造了一种加权平均空间信息，提出了改进的空间模糊 c 均值聚类图像分割算法。

由于图像中灰度级的数目远远少于像素的数目，如果对图像中的灰度值进行聚类，那么算法的运行时间将会大大降低。为了快速分割灰度图像，减少算法的迭代次数，Szilágyi 等[47]提出了加强模糊 c 均值（enhanced fuzzy c-means，EnFCM）聚类算法。该算法首先利用原始图像和它对应均值的滤波图像定义一个线性加权图像，然后在新得到图像的灰度直方图上进行灰度值聚类，从而得到图像像素的聚类结果。EnFCM 聚类算法获得了与 FCM_S 聚类算法相同的分割性能，并大幅度降低了计算复杂度，提高了图像的分割速度。随后，Cai 等[48]利用原始图像和像素邻域窗内的灰度与空间位置定义了一个新图像，然后在该图像的灰度直方图上进行图像像素聚类，提出了快速广义模糊 c 均值（fast generalized fuzzy c-means，FGFCM）聚类算法。与 EnFCM 聚类算法类似，FGFCM 聚类算法在获得满意分割结果的同时，耗费了较少的图像分割时间。

值得注意的是，由于 FCM 聚类算法及其改进算法本质上采用的是局部搜索的爬山算法进行迭代优化，因此对初始化非常敏感，容易陷入局部极值点。此外，该类算法都要求事先给定聚类的数目，而且不适用于对非凸的数据进行聚类。

2. 变色龙算法

作为一个经典的层次聚类算法，变色龙算法[17]把图划分算法和层次聚类结合起来动态地生成聚类。该方法首先使用一个图划分算法将数据划分成大量的子类，然后利用类间样本与类内部对象之间的相关性程度来作为子聚类合并的标准，采用自底向上的凝聚型层次聚类算法得到最后的聚类结果。

假设数据集中的某两个类分别为 X_i 和 X_j，这两个类之间的相对互连性 $\mathrm{RI}(X_i, X_j)$ 由下式定义：

$$\mathrm{RI}(X_i, X_j) = \frac{2|\mathrm{EC}(X_i, X_j)|}{|\mathrm{EC}(X_i, X_i)| + |\mathrm{EC}(X_j, X_j)|} \tag{1-11}$$

式中，$\mathrm{EC}(X_i, X_j)$ 为将数据集分成 X_i 和 X_j 两类的边割集；$\mathrm{EC}(X_i, X_i)$ 为将 X_i 对应的集合划分成两类的边割集。

X_i 和 X_j 之间的相对近似性 $\mathrm{RC}(X_i, X_j)$ 定义为

$$\mathrm{RC}(X_i, X_j) = \frac{\overline{S}_{\mathrm{EC}(X_i, X_j)}}{\dfrac{|X_i|}{|X_i|+|X_j|}\overline{S}_{\mathrm{EC}(X_i, X_i)} + \dfrac{|X_j|}{|X_i|+|X_j|}\overline{S}_{\mathrm{EC}(X_j, X_j)}} \tag{1-12}$$

式中，$\overline{S}_{\mathrm{EC}(X_i, X_j)}$ 为连接 X_i 和 X_j 组成的集合中的顶点的边的平均权重；$\overline{S}_{\mathrm{EC}(X_i, X_i)}$ 为 X_i 在 $\mathrm{EC}(X_i)$ 中的边的平均权重；$|X_i|$ 为 X_i 中数据点的数目。

在变色龙算法的聚类过程中，通过选择既有良好的互连性又相互接近的两个类进行合并，即每次选择 RI 和 RC 都高的两个类进行合并。与其他的层次聚类算法相比，该算法能够发现任意形状和密度大小的聚类。

3. 基于密度的噪声应用空间聚类算法

基于密度的噪声应用空间聚类（density-based spatial clustering of applications with noise，DBSCAN）算法[19]是一种典型的基于密度的聚类算法。该类算法通过设计一个密度函数，计算每个样本附近的密度，然后根据每个样本附近的密度值找到样本比较集中的区域，也就是这些样本所属的类。在 DBSCAN 算法中，密度的概念第一次被使用，其具体定义为在样本点 x_i 的某一邻域区域内包含样本点的数目。

　　DBSCAN 算法的基本思想是对于一个类中的每个样本，在其对应的给定半径的邻域内包含样本的数目不能少于某一固定值。因此该算法需要人为指定两个参数，一个是样本点的邻域半径 R，另外一个是在此半径决定的邻域区域内所包含的最少样本点的数目 MinPts。在聚类的过程中，算法先从没有被聚类的样本集中随机选择一个样本 x_i，并查找样本集中 x_i 密度可达的所有样本。如果半径为 R 的 x_i 的邻域中包含的样本数目不少于 MinPts，则 x_i 是核心对象，根据 DBSCAN 算法，可以找到一个关于参数 R 和 MinPts 的类。如果半径为 R 的 x_i 的邻域中包含的样本数目少于 MinPts，则 x_i 是一个边界点，即没有对象从 x_i 密度可达，此时 x_i 被暂时标注为边界点，然后，DBSCAN 算法继续处理剩余样本集中的下一个对象。DBSCAN 算法采用最小规模和密度生成类，并引入密度可达、核心对象和边界点的概念，保证了核心样本点是构成类的主要部分。此外，通过规定将单个边界点排除在每个类之外，使得该算法也可以处理异常点问题。

　　4. 小波聚类算法

　　小波聚类算法是一种基于网格和密度的多分辨率的聚类算法。该方法首先在数据空间上加一个多维网格结构来汇总数据，其次采用一种小波变换技术把信号从原特征空间域转换到频率域。这种变换方式使得数据在变换后的空间更有利于区分。再次在变换后的空间中通过寻找密集区域来发现聚类，最后把空间域中的数据和频率域中的密集区域对应起来进行聚类。

　　小波聚类算法的主要步骤如下。

　　步骤 1：对数据的特征空间进行量化，把数据对象分配到相应的单元；

　　步骤 2：对量化后的特征空间进行离散小波变换；

　　步骤 3：在变化后的空间内采用一定标准寻找聚类，并对每个类所包含的单元分配相应的标签；

　　步骤 4：制作查询表，将变换空间中的单元与原特征空间中的单元建立关联；

　　步骤 5：把每个单元的类别标签分配给该单元内的所有样本。

　　小波聚类算法是第一个将小波变换技术应用到空间数据挖掘的聚类方法，该方法不受噪声影响，对输入顺序不敏感，而且能够快速处理大规模的数据集。

　　5. 自组织特征映射神经网络算法

　　自组织特征映射（self-organizing feature map，SOFM）神经网络算法是一种无监督的学习算法，它将任意输入模式在输入层转变为一维或二维的离散映射，并保持原有的拓扑结构，通过学习提取出原始数据中的重要特征或者内在规律。在此学习过程中，利用输入数据的属性来调整权值，进而完成自动分类或者聚类等任务。

SOFM 神经网络算法的自组织学习过程就是通过调整结点的连接权值，使得权向量更加接近或者偏离输入矢量，促使神经网络收敛于一种稳定的状态。随着不断的学习，所有的权向量都在输入矢量空间相互分离，形成了各自代表输入空间的一类模式，从而完成对目标的聚类。

6.　现有聚类算法存在的问题

聚类分析技术发展至今，人们对其做了大量的研究，提出了很多聚类算法，取得了一定的成绩，然而仍有一些问题亟待解决[49]。

（1）算法易受初始化影响。很多聚类算法的初始化是采用随机的方式，因此算法在不同初始化下运行得到的结果有可能不一致，从而使得用户不能很好地确定最终的聚类结果。

（2）对噪声数据敏感。现实世界中的绝大多数数据会受到很多因素的影响，如数据采集本身或者传输过程中存在的不稳定性，因此这种数据集中或多或少存在一些噪声或孤立点。很多聚类算法对数据中的噪声或孤立点很敏感，这可能会导致不能令人满意的聚类结果。

（3）可扩展性不强。很多聚类算法在处理小规模数据集时效果很好，但是当处理大规模数据集时，算法的计算复杂度有可能呈几何级数增加，使得这些算法的应用受到了很大限制。

1.1.3　基于图谱理论的聚类算法

图论是离散数学的一个重要分支，它是以图及图上的顶点和边为研究对象的数学理论和方法。图谱理论[33,50]是图论的一个重要课题，主要对图的邻接矩阵的谱进行研究。谱聚类算法的理论基础是图谱理论，该方法将数据集中的每个数据点看成图的顶点，利用数据点之间的相似性为顶点之间的边赋予权值，这样就得到了一个基于数据点间相似性的无向加权图，然后利用某种图划分准则得到该图的最优划分，从而得到原始数据的聚类结果。由于图划分准则的最优解本身是一个 NP 难问题，一个很好的求解方法就是对相似性矩阵的拉普拉斯矩阵的特征向量进行聚类来得到原始数据的最终聚类结果，因此这类方法被统称为谱聚类算法[33,50,51]。

在对图中的顶点进行划分时，应保证划分后的子图内部的相似度大，而子图之间的相似度小[31]。划分准则的优劣直接影响到数据的聚类效果。常用的图谱划分准则包括最小切（minimum cut，MCut）[52]、率切（ratio cut，RCut）[53]、规范切（normalized cut，NCut）[31]和最小最大切（min-max cut，MMCut）[54]等准则。最小切准则是由 Wu 等[52]于 1993 年提出的，并用于图像分割中，产生了很好的效果。但是，由于该准则只考虑了子图间相似度的最小化，没有考虑子图内部的相似度，因此容易产生偏斜划分。率切准则在最小切准则目标函数的基础上引入了类规模平衡项来抑制偏斜划分，但它仍然只考虑了子图间相似度的最小化，因此聚类效果也不理想。后来，Shi 等[31]提出的规范切准则和 Ding 等[54]提出的最小最大切准则都同时考虑了子图内部的相似度大而子图间相似度小的原则，避免了产生偏斜划分的情况。

　　上面介绍的图谱划分准则最初都是基于两类划分问题提出的，该类问题的谱聚类算法一般只使用一个特征向量来实现最终划分，对于多分类问题，一般需要通过递归调用二路划分过程来实现。随后，研究学者将率切准则、规范切准则和最小最大切准则进行了推广，提出了这些准则的多类版本[31,54-56]。基于多路划分准则的谱聚类算法使用多个特征向量进行划分，不仅可以逼近最优划分，而且可以避免信息丢失导致的不稳定性，克服了二路划分谱聚类算法的缺点。

　　许多学者在谱聚类算法的理论分析和应用前景等方面做了大量的研究。2001 年，Meila 等[57]利用随机游动给出了规范切准则的概率解释，提出了基于随机游动的谱聚类算法，并在图像分割中取得了很好的效果。Ng 等[34]提出了经典的 Ng-Jordan-Weiss（NJW）算法，并利用矩阵扰动理论分析了谱聚类算法。Yu 等[58]于 2003 年提出了一种多分类的谱聚类算法。von Luxburg 等[59]从统计的观点证明了规范化的谱聚类算法要优于未经规范化的谱聚类算法。针对谱聚类算法应用于大规模数据集时求解特征值和特征向量复杂度过高的问题，Fowlkes 等[60]提出采用 Nyström 逼近算法求解规范化拉普拉斯矩阵的特征值和特征向量，并将其成功应用到视频序列图像分割中。

　　谱聚类算法是机器学习领域的一个重要的研究热点，受到各个研究领域学者的关注。与传统的聚类方法相比，它能在非凸的样本空间上聚类且收敛于全局最优解。然而谱聚类算法除了存在与 1.1.1 小节中介绍的传统聚类方法类似的缺陷之外，其本身也存在一些亟待解决的问题。

　　（1）谱聚类算法需要构造数据间的相似性矩阵，当数据集的数据量很大时，矩阵的计算和存储就非常困难，如果要求的特征向量也很多，则谱聚类算法的复杂度很高。

　　（2）谱聚类算法通常采用高斯核函数构造数据点之间的相似性关系，高斯核函数的尺度参数一般是人为选定的，不同尺度参数下的谱聚类结果也相差很多，这样就为该算法处理实际问题带来了一定的局限性。因此，谱聚类算法中相似性矩阵的构造是一个值得研究的方向。

　　（3）传统的谱聚类算法对于图像中的噪声非常敏感，无法在含噪图像上取得有效的分割结果。对图像噪声鲁棒的谱聚类算法进行设计也是谱聚类算法研究的热点。

当然，谱聚类算法存在的问题远不止这些，本书主要针对上述的三个问题进行探讨，具体内容在 1.3 节进行介绍。

1.2　图　像　分　割

图像分割是图像处理的一个基本问题，其目的是将一幅图像分解成具有不同特性且有意义的区域，每个区域具有相似的特征。设 $I = \{(x, y) \mid x = 0, 1, \cdots, M-1;$ $y = 0, 1, \cdots, N-1\}$ 表示灰度图像像素（x, y）构成的集合，$R = \{0, 1, \cdots, 255\}$，其中 M 和 N 都是正整数，则一幅数字图像就是一个映射 $f: I \rightarrow R$，$f(x, y)$ 表示图像像素 (x, y) 的灰度值，即 $f(x, y) \in R$，$\forall (x, y) \in I$。借助集合概念对图像分割可以给出如下正式的定义[61,62]：

令 Π 表示整幅图像区域，这里可以将图像分割看成对集合 I 进行划分，$\Pi = \{\pi_1, \pi_2, \cdots, \pi_K\}$，$\pi_i = \{(x, y) \mid (x, y) \in I\}, i = 1, 2, \cdots, K$，并满足以下几点。

（1）$\bigcup_{i=1}^{K} \pi_i = \Pi$，$\pi_i \bigcap \pi_j = \varnothing$，对所有的 i 和 j，$i \neq j$。

（2）π_i 是一个连通区域，$i = 1, 2, \cdots, K$。

（3）$P(\pi_i) = \text{TRUE}$ （$i = 1, 2, \cdots, K$），即每个子区域内部具有相同特性。

（4）$P(\pi_i \bigcup \pi_j) = \text{FALSE}$ （$i \neq j$），即不同的子区域具有不同的特性。

上述定义对图像分割给出了概括性的准则，也起到了指导图像分割算法设计的作用。

1.2.1　常用的图像像素特征

图像分割技术是计算机视觉和人工智能领域中一项重要而又艰巨的研究工作。常用的图像分割算法一般是基于像素灰度或颜色特征的两个基本特性：不连续性和相似性[62]。也就是说在图像区域内部的像素的灰度或颜色特征是相似的，区域之间的边界上的像素的灰度或颜色特征是不连续的。

纹理是图像的一种非常重要的属性特征，也是许多图像分割方法中经常使用的像素特征。纹理特征是图像中特征值强度的某种结构或者模式的重复。纹理特征提取的目的是将随机纹理或者几何纹理的空间结构的差异映像为特征值的差异。Hawkins[63]比较详细地描述了纹理的三个主要特征：

（1）某种局部的序列性在比该序列更大的区域内不断重复；

（2）序列是由基本元素非随机排列组成的；

（3）各部分大致是均匀的统一体，在纹理区域内的任何地方都有大致相同的结构尺寸。

在图像分割算法中，基于统计的纹理提取方法比较常用，主要包括以下几点：

（1）傅里叶功率谱法[64]，即对图像进行傅里叶变换，利用得到的频率成分和频率方向来反映图像中纹理密度和方向的变化。

（2）灰度共生矩阵法，灰度共生矩阵被定义为从灰度为 l_1 的像素点离开某一个固定位置关系的点上的灰度为 l_2 的概率（或频度）。它反映了灰度的分布特性，也反映了具有同样灰度的像素之间的位置分布特性。在灰度共生矩阵的基础上，Haralick 等[65]通过计算一组统计参数来描述纹理特征。

（3）邻域特征统计法，通过计算局部区域内的灰度统计特性作为图像的纹理特征。

（4）小波分析法，小波分解用于图像纹理分析是由 Mallat[66]提出的，随后，基于小波分解能量的不同纹理统计方法被提出。

基于小波分解的图像纹理特征提取方法已广泛应用于图像分割中[67]。平稳小波变换[68]是一种非正交的小波变换，它在每一层分解中不进行 2 次抽取，因此得到的逼近和细节系数矩阵与输入图像大小相同，这样更有利于处理具有统计规律的信号，非常适合纹理图像分割和分类任务。这里以纹理图像 I 为例，首先对该图像中的像素点（i, j）的 $M \times M$ 邻域进行 l 层平稳小波变换，得到 $3l+1$ 个 $M \times M$ 大小的频带图像，将每个频带内的系数按照如下公式计算：

$$e = \frac{1}{M^2} \sum_{m,n=1}^{M} |c(m,n)| \qquad (1-13)$$

式中，$c(m, n)$为频带内的平稳小波系数。将纹理图像 I 中的每个像素点按照上述步骤操作，得到每个像素点对应的 $3l+1$ 维纹理特征。

获得图像的像素特征之后，就可以采用合适的图像分割方法对图像进行分割。

1.2.2　经典的图像分割方法

现有的图像分割的方法有很多，大体上可以分为基于阈值的分割方法、基于聚类的分割方法、基于区域的分割方法、基于图论的分割方法、基于边缘检测的分割方法和基于一些特定理论的图像分割方法。这里简要介绍几种经典的图像分割方法。

1. 基于阈值的分割方法

阈值化分割方法是图像分割领域中较早出现的一类方法，它根据图像像素的灰度级，将图像分成多个目标和背景的区域[61]。阈值化分割首先需要确定合适的阈值，其次将图像中像素的灰度值与该阈值进行比较，确定每个像素所属的类别，最后获得图像的分割结果。很显然，该类方法的关键和难点就是如何确定合适的阈值。当图像中的目标之间或者目标与背景之间的灰度差异不明显时，最佳阈值是很难确定的。另外，阈值化的方法只考虑了图像的灰度信息而没有考虑其空间信息，因此当图像中含有噪声或像素灰度具有不均匀性时，该类方法容易失效。

阈值图像分割方法中最经典的就是最大类间方差法，即 Otsu 方法，其基本思想是利用不同的灰度值将图像按照灰度大小分成目标和背景两类，最终使得这两类的类内方差最小且类间方差最大时的灰度值就是最优阈值。以 Lena 图像为例，Otsu 方法获得的阈值为 122，图 1-1 给出了该阈值下的实验结果。

（a）原图   （b）Otsu 方法

图 1-1   基于阈值的分割方法实验结果

2. 基于聚类的分割方法

聚类算法已经有很长的历史，具体内容已经在 1.1.2 小节中加以介绍。聚类分割算法不需要训练样本，是一种无监督的分割方法。基于聚类的分割方法是按照图像像素的特征对像素点进行聚类，并得到原图像的分割结果。这里以 Lena 图像为例，采用 KM 和 FCM 两种聚类算法，基于图像中像素的特征，对图像进行聚类（聚类数目为 4），图 1-2 中给出了基于聚类的分割方法实验结果。

（a）原图   （b）KM 聚类算法   （c）FCM 聚类算法

图 1-2   基于聚类的分割方法实验结果

3. 基于图论的分割方法

近些年来,基于图论的图像分割技术成为图像分割领域的一个新的研究热点。该方法把图像中的像素看成图的结点,结点间边的权重表示两个像素间的相似性度量,如灰度、颜色、运动、位置或其他局部分布的差别。这样就将图像映射为带权无向图,然后利用合适的图划分准则得到图像的最佳分割。本质上,基于图论的分割方法将图像分割问题转化为像素的最优划分问题。

早期的基于图论的分割方法利用固定阈值和局部度量来分割图像。Zahn[69]于1971 年提出了一种基于图的最小生成树的图像分割方法。Shi 等[31]提出了一种基于规范切准则的图像分割算法。该算法同时兼顾了同一区域内像素间相似性大且不同区域间像素的相似性小的原则,并获得了良好的分割效果。但是它的计算复杂度较高,实际应用受到一定的限制。随后,Felzenszwalb 等[70]提出了一种快速的基于图的图像分割算法。图 1-3 给出了基于图论的分割方法实验结果。

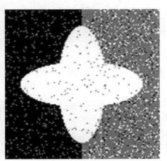

　　　（a）原图　　　　　　　　　　（b）NCut　　　　　　　　（c）Nyström

图 1-3　基于图论的分割方法实验结果

目前,基于图论的分割方法的研究主要集中在以下几个方面[71]:

（1）最优图谱划分准则的设计;

（2）快速算法的设计;

（3）其他图论分割方法。

1.3　本书的主要内容

本书共 7 章,主要内容包括:基于数据约简的谱聚类算法、非局部空间谱聚类图像分割算法、结合空间连通性和一致性的谱聚类图像分割算法、基于模糊理论的谱聚类图像分割算法、基于局部相似性测度的合成孔径雷达（synthetic aperture radar,SAR）图像多层分割算法、免疫克隆选择图划分算法。本书的结构安排如下。

第 1 章为绪论，简要介绍了聚类分析和图像分割，并对经典的聚类算法和图像分割算法进行了阐述，最后介绍了本书的结构和主要内容。

第 2 章首先介绍各种图谱划分准则及各种谱聚类算法，然后针对传统谱聚类算法在大规模数据上的存储困难、计算复杂度高和相似性测度不易构造上的问题，分别提出基于分层的模糊聚类约简谱聚类算法、基于分层的密度约简谱聚类算法和基于区域彩色特征的谱聚类图像分割算法。

第 3 章利用图谱划分准则与空间权核 k 均值目标函数的等价性，将图像中的非局部空间信息引入谱聚类算法中，提出非局部空间谱聚类图像分割算法，并在被噪声污染的图像上取得了良好的分割性能。

第 4 章介绍结合空间连通性和一致性的谱聚类图像分割算法。由于谱聚类用于图像分割时需要计算所有像素之间的相似性，因此算法存在计算复杂度高的问题，且容易受到像素间相似性构造算法的影响。本章利用图像像素的空间连通性和一致性，构造融合连通性和一致性度量的相似性测度方法，提高谱聚类在图像上的分割性能。

第 5 章为了更好地解释和描述人类视觉中的模糊性和不确定性，将模糊理论引入图谱划分方法中，提出基于区间模糊理论的谱聚类图像分割算法、基于半监督和模糊理论的谱聚类彩色图像分割算法和基于鲁棒空间信息的模糊谱聚类图像分割算法。

第 6 章利用图谱划分准则与权核 k 均值的等价性，在多层图划分算法的基础上引入局部相似性测度和像素纹理特征最近邻搜索，提出基于局部相似性测度的 SAR 图像多层分割算法。

第 7 章利用免疫克隆选择图划分算法求解图谱划分问题，提出基于免疫克隆选择的图划分算法。此外，利用成对限制先验信息进一步提高免疫克隆选择图划分的聚类性能，提出基于免疫克隆选择的半监督图划分算法。

参 考 文 献

[1] 范九伦，赵凤，雷博，等. 模式识别导论[M]. 西安: 西安电子科技大学出版社，2012.

[2] 周丽芳，李伟生，黄颖. 模式识别原理及工程应用[M]. 北京: 机械工业出版社，2013.

[3] 吴建鑫. 模式识别[M]. 北京: 机械工业出版社，2020.

[4] JAIN A K, MURTY M N, FLYNN P J. Data clustering: A review[J]. ACM Computing Surveys, 1999, 31(3): 264-323.

[5] HU W B, CHEN C A, YE F H, et al. Learning deep discriminative representations with pseudo supervision for image clustering[J]. Information Sciences, 2021, 568: 199-215.

[6] WANG C, PEDRYCZ W, LI Z W, et al. Residual-driven fuzzy c-means clustering for image segmentation[J]. IEEE/CAA Journal of Automatica Sinica, 2021, 8(4): 876-889.

[7] SANHUDO L, RODRIGUES J, VASCONCELOS E. Multivariate time series clustering and forecasting for building energy analysis: Application to weather data quality control[J]. Journal of Building Engineering, 2021, 35: 101996.

[8] EVERITT B. Cluster Analysis[M]. New York: John Wiley, 1974.

[9] GOVENDER P, SIVAKUMAR V. Application of k-means and hierarchical clustering techniques for analysis of air pollution: A review (1980-2019)[J]. Atmospheric Pollution Research, 2020, 11(1): 40-56.

[10] XU D, TIAN Y. A comprehensive survey of clustering algorithms[J]. Annals of Data Science, 2015, 2(2): 165-193.

[11] HUANG Z. Extensions to the k-means algorithm for clustering large data sets with categorical values[J]. Data Mining and Knowledge Discovery, 1998, 2(2): 283-304.

[12] KANUNGO T, MOUNT D M, NETANYAHU N S. An efficient k-means clustering algorithm: Analysis and implementation[J]. IEEE Transactions on Pattern Analysis and Machine Intelligence, 2002, 24(7): 881-892.

[13] BEZDEK J C. Cluster validity with fuzzy sets[J]. Cybernetics and Systems, 1974, 3(3): 58-73.

[14] NG R T, HAN J W. Efficient and effective clustering methods for spatial data mining[C]. Proceedings of the 20th Very Large Databases Conference, Santiago de, Chile, 1994:144-155.

[15] ZHANG T, RAMAKRISHNAN R, LIVNY M. BIRCH: An efficient data clustering method for very large databases[C]. Proceedings of 1996 ACM-SIGMOD International Conference on Management of data, Santiago de, Chile, 1996: 103-114.

[16] GUHA S, RASTOGI R, SHIM K. CURE: An efficient clustering algorithm for large database[J]. Information Systems, 2001, 26(1): 35-58.

[17] KARYAPIS G, HAN E H, KUMAR V. Chameleon: A hierarchical clustering algorithm using dynamic modeling[J]. IEEE Computer, 1999, 32(8): 68-75.

[18] ANKERST M, BREUNING M, KIEGEL H P, et al. OPTICS: Ordering points to identify the clustering structure[C]. Proceedings of 1999 ACM-SIGMOD International Conference on Management of data, Philadelphia, USA, 1999: 49-60.

[19] SHI B, HAN L, YAN H. Adaptive clustering algorithm based on kNN and density[J]. Pattern Recognition Letters, 2018, 104: 37-44.

[20] XU X, DING S F, WANG L J, et al. A robust density peaks clustering algorithm with density-sensitive similarity[J]. Knowledge-Based Systems, 2020, 200: 106028.

[21] ILEVAR P A H, SUKUMAR M. GCHL: A grid-clustering algorithm for high-dimensional very large spatial data bases[J]. Pattern Recognition Letters, 2005, 26(7): 999-1010.

[22] HAN J, KAMBER M. Data Mining: Concepts and Techniques[M]. San Francisco: Morgan Kaufmann Publishers, 2011.

[23] BUREVA V, SOTIROVA E, POPOV S, et al. Generalized net of cluster analysis process using STING: A statistical information grid approach to spatial data mining[C]. International Conference on Flexible Query Answering Systems, Lecture Notes in Computer Science, London, UK, 2017, 10333: 239-248.

[24] YILDIRIM A A, ÖZDOGAN C. Parallel WaveCluster: A linear scaling parallel clustering algorithm implementation with application to very large datasets[J]. Journal of Parallel and Distributed Computing, 2011, 71(7): 955-962.

[25] ZHAO Q P, SHI Y, LIU Q. A grid-growing clustering algorithm for geo-spatial data[J]. Pattern Recognition Letters, 2015, 53: 77-84.

[26] FISHER D H. Knowledge acquisition via incremental conceptual clustering[J]. Machine Learning, 1987, 2: 139-172.

[27] ORDONEZ C, OMIECINSKI E. Fast and robust EM clustering for large data sets[C]. International Conference on Information and Knowledge Management, McLean, USA, 2002: 590-599.

[28] KOSMIDIS I, KARLIS D. Model-based clustering using copulas with applications[J]. Statistics and Computing, 2016, 26: 1079-1099.

[29] POTOČNIK P, BERLEC T, STARBEK M, et al. Self-organizing neural network-based clustering and organization of production cells[J]. Neural Computing and Applications, 2013, 22: 113-124.

[30] THIERRY D. NN-EVCLUS: Neural network-based evidential clustering[J]. Information Sciences, 2021, 572: 297-330.

[31] SHI J, MALIK J. Normalized cuts and image segmentation[J]. IEEE Transactions on Pattern Analysis and Machine Intelligence, 2000, 22(8): 888-905.

[32] JOTHI R, MOHANTY S K, OJHA A. Fast approximate minimum spanning tree based clustering algorithm[J]. Neurocomputing, 2018, 272: 542-557.

[33] 高琰, 谷士文, 唐琎, 等. 机器学习中谱聚类方法的研究[J]. 计算机科学, 2007, 34(2): 201-203.

[34] NG A Y, JORDAN M I, WEISS Y. On spectral clustering: Analysis and an algorithm[C]. Advances in Neural Information Processing Systems, Vancouver, Canada, 2001: 849-856.

[35] JIA Y, KWONG S, HOU J. Semi-supervised spectral clustering with structured sparsity regularization[J]. IEEE Signal Processing Letters, 2018, 25(3): 403-407.

[36] 朱剑英. 应用模糊数学方法的若干关键问题及处理方法[J]. 模糊系统与数学, 1992, 11(2): 57-63.

[37] 李洁. 基于自然计算的模糊聚类新算法研究[D]. 西安: 西安电子科技大学, 2004.

[38] DUNN J C. A fuzzy relative of the ISODATA process and its use in detecting compact well separated cluster[J]. Journal of Cybernetics, 1974, 3: 32-57.

[39] DEMBELE D, KASTNER P. Fuzzy c-means method for clustering microarray data[J]. Bioinformatics, 2003, 19(8): 973-980.

[40] AHMED M N, YAMANY S M, MOHAMED N, et al. A modified fuzzy c-means algorithm for bias field estimation and segmentation of MRI data[J]. IEEE Transactions on Medical Imaging, 2002, 21(3): 193-199.

[41] MARCELLONI F. Feature selection based on a modified fuzzy c-means algorithm with supervision[J]. Information Sciences, 2003, 151: 201-226.

[42] 范九伦. 模糊聚类新算法与聚类有效性问题研究[D]. 西安: 西安电子科技大学, 1998.

[43] FAN J L, ZHEN W Z, XIE W X. Suppressed fuzzy c-means clustering algorithm[J]. Pattern Recognition Letter, 2003, 24(9-10): 1607-1612.

[44] ZHU L, CHUNG F L, WANG S T. Generalized fuzzy c-means clustering algorithm with improved fuzzy partitions[J]. IEEE Transactions on Systems, Man, and Cybernetics-Part B: Cybernetics, 2009, 39(3): 578-591.

[45] CHEN S C, ZHANG D Q. Robust image segmentation using FCM with spatial constraints based on new kernel-induced distance measure[J]. IEEE Transactions on Systems, Man, and Cybernetics-Part B: Cybernetics, 2004, 34(4): 1907-1916.

[46] KANG J Y, MIN L Q , LUAN Q X, et al. Novel modified fuzzy c-means algorithm with applications[J]. Digital Signal Processing, 2009, 19: 309-319.

[47] SZILÁGYI L, BENYÓ Z, SZILÁGYI S, et al. MR brain image segmentation using an enhanced fuzzy c-means algorithm[C]. Proceedings of 25th Annual International Conference of the IEEE EMBS, Cancun, Mexico, 2003: 17-21.

[48] CAI W L, CHEN S C, ZHANG D Q. Fast and robust fuzzy c-means clustering algorithms incorporating local information for image segmentation[J]. Pattern Recognition, 2007, 40(7): 825-838.

[49] 黄文龙. 人工免疫聚类分析与图像分割[D]. 西安: 西安电子科技大学, 2009.

[50] 蔡晓妍, 戴冠中, 杨黎斌. 谱聚类算法综述[J]. 计算机科学, 2008, 35(7): 14-18.

[51] 马秀丽. 免疫协同与谱聚类[D]. 西安: 西安电子科技大学, 2007.

[52] WU Z, LEAHY R. An optimal graph theoretic approach to data clustering: Theory and its application to image segmentation[J]. IEEE Transactions on Pattern Analysis and Machine Intelligence, 1993, 15(11): 1101-1113.

[53] WANG S, SISKIND J M. Image segmentation with ratio cut[J]. IEEE Transactions on Pattern Analysis and Machine Intelligence, 2003, 25: 675-690.

[54] DING C, HE X, ZHA H, et al. A min-max cut algorithm for graph partitioning and data clustering[C]. Proceedings of IEEE International Conference on Data Mining, San Jose, USA, 2001: 107-114.

[55] CHAN P K, SCHLAG M D F, ZIEN J Y. Spectral k-way ratio-cut partitioning and clustering[J]. IEEE Transactions on CAD-Integrated Circuits and Systems, 1994, 13: 1088-1096.

[56] MEILA M, XU L. Multiway cuts and spectral clustering[R]. Technical Report No. 442, Seattle, Washington, USA, 2004.

[57] MEILA M, SHI J. A random walks view of spectral segmentation[C]. 8th International Workshop on Artificial Intelligence and Statistics, Key West, Florida, USA, 2001: 1-6.

[58] YU S, SHI J. Multiclass spectral clustering[C]. Proceedings of the Ninth IEEE International Conference on Computer Vision, Nice, France, 2003: 313-319.

[59] VON LUXBURG U, BELKIN M, BOUSQUET O. Consistency of spectral clustering[J]. Annals of Statistics, 2008, 36 (2): 555-588.

[60] FOWLKES C, BELONGIE S, CHUNG F, et al. Spectral grouping using the Nyström method[J]. IEEE Transactions on Pattern Analysis and Machine Intelligence, 2004, 26(2): 214-225.

[61] 章毓晋. 图象分割[M]. 北京: 科学出版社, 2001.

[62] GONZALEZ R C, WOODS R E. 数字图像处理[M]. 阮秋琦, 阮宇智, 译. 北京: 电子工业出版社, 2003.

[63] HAWKINS J K. Texture properties for pattern recognition[C]. Picture Processing and Psychopictorics, New York, USA, 1970: 347-370.

[64] AZENCOTT R, WANG J P, YOUNES L. Texture classification using windowed Fourier filters[J]. IEEE Transactions on Pattern Analysis and Machine Intelligence, 1997, 19(2): 148-153.

[65] HARALICK R M, DINSTEIN I, SHANMUGAM K. Textural features for image classification[J]. IEEE Transactions on Systems, Man, and Cybernetics, 1973, 3(6): 610-621.

[66] MALLAT S G. A theory for multiresolution signal decomposition: The wavelet representation[J]. IEEE Transactions on Pattern Analysis and Machine Intelligence, 1989, 11(7): 674-693.

[67] CHARALAMPIDIS D, KASPARIS T. Wavelet-based rotational invariant roughness feature for texture classification and segmentation[J]. IEEE Transactions on Image Processing, 2002, 11(8): 825-837.

[68] PESQUET J C, KRIM H. Time-invariant orthonormal wavelet representation[J]. IEEE Transactions on Signal Processing, 1996, 44(8): 1964-1970.

[69] ZAHN C T. Graph-theoretic methods for detecting and describing gestalt clusters[J]. IEEE Transactions on Computers, 1971, 20: 68-86.

[70] FELZENSZWALB P E, HUTTENLOCHER D P. Efficient graph-based image segmentation[J]. International Journal of Computer Vision, 2004, 59(2): 167-181.

[71] ZHU X, ZHANG S, ZHANG J, et al. Sparse graph connectivity for image segmentation[J]. ACM Transactions on Knowledge Discovery from Data, 2020, 14(4): 1-19.

第2章 基于数据约简的谱聚类算法

传统的聚类算法大多基于距离准则函数进行聚类，仅在凸型分布数据上展现了良好的聚类性能，不适用于非凸形状的数据聚类问题。谱聚类算法本身不要求样本服从某种分布，它是通过分析数据构造的相似性矩阵本身，利用相似性矩阵的拉普拉斯矩阵的特征向量来得到原始数据的划分结果。该算法理论上是一种能在任意形状的样本空间上进行聚类的算法，近些年来受到了研究学者越来越多的关注。

具体来说，谱聚类算法是建立在图谱理论[1,2]基础之上，具有坚实的理论基础。它将样本集中的每个数据看成是一个无向图的顶点，通过计算任意两个数据点间的相似性构建数据上的无向图，然后采用图的拉普拉斯矩阵的特征向量进行聚类，获得图谱划分准则在连续域中的全局最优解[3]。从上述描述可知，谱聚类算法与数据点的维数无关，与其他聚类方法相比，其最大的优势是具有识别非高斯分布数据的能力，非常适用于许多实际问题，已经成功应用于个性化推荐[4]、超大规模集成电路设计[5]、数据挖掘[6-8]和图像分割[9-11]等方面。

2.1 谱聚类算法研究现状

已知给定的任意特征空间中的数据集合 $X=\{x_1, x_2, \cdots, x_n\}$，谱聚类算法将其表示成一个带权无向图 $G=(V, E, S)$。在此无向图上，结点 $v_i \in V$ 对应特征空间中的数据点 x_i，$e_{ij} \in E$ 表示连接两个结点 v_i 和 v_j 的边，边的权值为 S_{ij}，即数据点 x_i 和 x_j 的相似性值。在本书中，S 为数据间的相似性矩阵。谱聚类算法就是在构造的图的基础上，通过优化某种图谱划分准则来对该图进行划分，将数据的聚类问题转化为在图 G 上的图划分问题。在图 G 上的划分就是将图 $G=(V, E, S)$ 划分为 k 个互不相交的子集 $C_1, C_2, \cdots, C_k$，划分后保证每个子集 C_l（$1 \leqslant l \leqslant k$）内数据点间的相似性大，不同的子集 C_p 和 C_q（$1 \leqslant p \leqslant k, 1 \leqslant q \leqslant k, p \neq q$）之间数据的相似性小。该类图谱划分问题一般是通过最优化图谱划分准则来实现的，划分准则的好坏直接影响到聚类结果的质量。常见的划分准则有最小切准则、率切准则、规范切准则、最小最大切准则等。

2.1.1　谱聚类的相似性矩阵构造策略

由于谱聚类算法是基于两点间相似性的聚类算法，其聚类效果完全依赖于相似性矩阵，因此如何更好地构造出一个适合谱聚类的相似性矩阵构造策略是十分有意义的，也是目前的一个研究热点。给定数据集 $X=\{x_1, x_2, \cdots, x_n\}$，$S \in R^{n \times n}$ 表示谱聚类算法的相似性矩阵，S_{ij} 为数据点 x_i 和 x_j 之间的相似性。

1. 高斯相似性度量

传统的相似性矩阵构造策略是采用高斯核函数[12]，具体定义为

$$S_{ij} = e^{\frac{-\|x_i - x_j\|^2}{2\sigma^2}} \tag{2-1}$$

式中，$\|x_i - x_j\|$ 为数据点 x_i 和 x_j 之间的欧氏距离；σ 为高斯核函数尺度参数。如果利用谱聚类算法对图像进行分割，还可以利用像素的纹理（或者颜色等）特征和空间位置信息来构造像素间的相似性矩阵。Shi 等[9]给出了图像像素间相似性矩阵构造的具体形式：

$$S_{ij} = e^{\frac{-\|x_i - x_j\|^2}{2\sigma_X^2}} \times \begin{cases} e^{\frac{-\|p_i - p_j\|^2}{2\sigma_P^2}}, & \|p_i - p_j\| \leqslant r \\ 0, & \text{其他} \end{cases} \tag{2-2}$$

式中，$\|x_i - x_j\|$ 和 $\|p_i - p_j\|$ 与前面定义类似；x_i 为像素点 i 的纹理（或者颜色等）特征；p_i 为像素点 i 的空间坐标；σ_X 和 σ_P 分别为特征信息和空间位置信息的尺度参数；r 为两个像素点之间的有效距离，起到了稀疏化邻接矩阵的目的。因此，只有两个像素点的空间距离小于或者等于 r 时才具有相似性，否则相似性为 0。此外，r 的选取是靠人为指定的。随着 r 的增大，相似性矩阵的存储也会比较困难。

在公式（2-1）和公式（2-2）中，尺度参数的选择起到了放大与收缩两个点之间距离的作用，它的取值对谱聚类的结果影响很大。这里选取一个人造数据集 Two-moon，以经典的谱聚类算法[12]为例，采用公式（2-1）构造数据间的相似性矩阵，展现尺度参数的选取对谱聚类算法性能的影响。图 2-1 给出了高斯核函数尺度参数对谱聚类算法性能的影响，可以看出，不同的高斯核函数尺度参数 σ 下，谱聚类算法的结果相差比较大。当 $\sigma = 0.03$ 时，谱聚类算法能够获得理想的聚类结果，其他参数取值下谱聚类算法获得了错分的聚类结果。

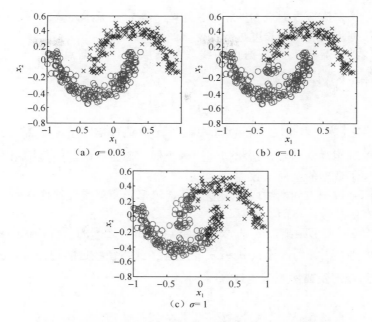

图 2-1　高斯核函数尺度参数对谱聚类算法性能的影响

2. 自调节高斯相似性度量

为了克服谱聚类算法对于尺度参数的敏感性，Zelnik-Manor 等[13]提出了一种自调节高斯相似性度量方法，该相似性度量方法采用局部搜索的方法计算每个数据点各自的局部尺度参数并应用到谱聚类算法中。这里以数据点 x_i 为例进行说明，选取 x_i 的第 l 个邻接点 x_{i_l}，将 x_i 与 x_{i_l} 的欧氏距离 $\left\| x_i - x_{i_l} \right\|$ 作为 x_i 的尺度参数 σ_i，即

$$\sigma_i = \left\| x_i - x_{i_l} \right\| \tag{2-3}$$

通过上述定义，数据点 x_i 和 x_j 之间的相似性值采用下式来计算：

$$S_{ij} = \mathrm{e}^{\frac{-\left\| x_i - x_j \right\|^2}{\sigma_i \sigma_j}} \tag{2-4}$$

式中，σ_j 为按照公式（2-3）计算得到的 x_j 的局部尺度参数。

值得指出的是，利用数据点的邻域信息计算得到的尺度参数可以根据数据的局部结构自适应地放大或收缩两个数据点之间的距离，在传统的谱聚类算法中应用这种自调节高斯相似性度量可以得到比较满意的聚类效果。

3. 流形距离测度

虽然基于高斯函数的相似性度量方法对数据的局部一致性描述比较准确，但是没有考虑数据的全局一致性。鉴于此，许多研究学者通过引入流形距离（测地线距离）[14,15]来构造数据点间的相似性矩阵。在定义流形距离测度之前，需要对流形上的数据点间线段的长度进行定义。

定义 2-1：流形上的数据点间线段的长度[16]，数据点 x_i 与 x_j 之间的长度 $L(x_i, x_j)$ 是由下式计算得到

$$L(x_i, x_j) = \rho^{\|x_i - x_j\|} - 1 \qquad (2-5)$$

式中，$\|x_i - x_j\|$ 为 x_i 与 x_j 之间的欧氏距离；$\rho > 1$ 为伸缩因子。显然，这样的定义方式与先前利用高斯函数构造相似性矩阵类似，衡量了两点间直接相连的路径的长度，体现了数据的全局一致性。

得到两个数据点间的线段的长度之后，流形距离就是计算任意两个数据点间的最短路径的长度，下面给出具体定义。

定义 2-2：流形距离，令 P_{ij} 表示数据点 x_i 和 x_j 之间的所有路径的集合，p 表示一条长度为 $|p|-1$ 的连接点 p_1 和 $p_{|p|}$ 的路径，此路径经过的边为 (p_h, p_{h+1})，则 x_i 和 x_j 之间的流形距离按照下式计算：

$$D_M(x_i, x_j) = \min_{p \in P_{ij}} \sum_{h=1}^{|p|-1} L(p_h, p_{h+1}) \qquad (2-6)$$

此时，两点间的流形距离测度定义为

$$S_{ij} = \frac{1}{D_M(x_i, x_j) + 1} \qquad (2-7)$$

因此，通过度量数据沿着流形上的最短路径，使得位于同一流形上的两个数据点可以通过许多较短的边相连接，具有很高的相似性。位于不同流形上的两个数据点要用较长的边相连接，相似性就会很小。通过上述定义实现了缩小位于不同流形上的数据点间的相似性，而放大位于同一流形上的数据点间的相似性的目的。

众所周知，当相似性矩阵是理想的块对角矩阵时，谱聚类算法可以找到完全正确的聚类。谱聚类算法成功的关键是选择合适的相似性度量，使得产生的相似性矩阵具有明显的块对角分布[17]。流形距离测度不仅能反映明显具有流形结构的数据，对其他类型数据的应用也能达到甚至超过传统高斯相似性度量的效果。

图 2-2 和图 2-3 分别给出了人工数据 1 和人工数据 2 的相似性测度分析结果。图中给出了两种不同类型的数据分别在高斯相似性度量和流形距离测度下的相似性矩阵（按照样本正确分类排序得到的）及其对应的聚类准确率（clustering accuracy，CA）[18]。图 2-2（a）由三组不同均值 $\begin{bmatrix} 1 & 2.3 & 2 \\ 1 & 1.8 & 2 \end{bmatrix}$ 和不同方差 $\begin{bmatrix} 0.2 & 0.4 & 0.1 \\ 0.2 & 0.4 & 0.1 \end{bmatrix}$ 的高

斯分布的数据组成，一共 600 个数据点，从两种度量得到的相似性矩阵也可以看出它们都具有块对角特性，并且都获得了不错的聚类结果。对于图 2-3（a）所示的具有明显流形结构的数据，流形距离测度得到的相似性矩阵更加具有块对角特性，这是由于其不但考虑了数据的局部一致性，也兼顾了全局一致性的结果，因此谱聚类算法得到了完全正确的聚类结果；高斯相似性度量得到的相似性矩阵只是在数据的"o"和"+"部分具有块对角化，没有很好地描述"×"部分数据，最终得到了错分的分类结果。在流形距离测度中，不受数据密度、形状的影响，可以很好反映不同数据的结构，有利于提高谱聚类算法的性能。伸缩因子 ρ 对最终聚类结果的影响在文献[16]中已经给出了详细的实验分析，这里就不再赘述。

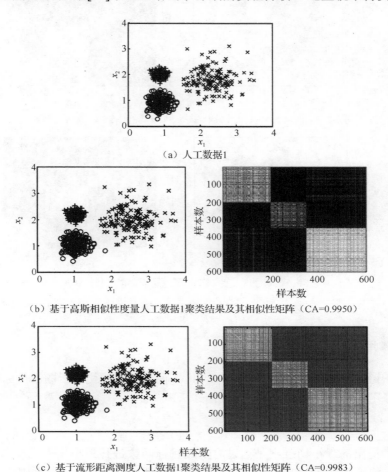

（a）人工数据1

（b）基于高斯相似性度量人工数据1聚类结果及其相似性矩阵（CA=0.9950）

（c）基于流形距离测度人工数据1聚类结果及其相似性矩阵（CA=0.9983）

图 2-2　人工数据 1 的相似性测度分析结果

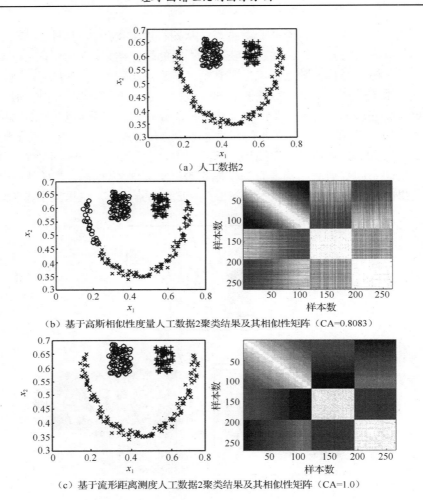

（a）人工数据2

（b）基于高斯相似性度量人工数据2聚类结果及其相似性矩阵（CA=0.8083）

（c）基于流形距离测度人工数据2聚类结果及其相似性矩阵（CA=1.0）

图 2-3　人工数据 2 的相似性测度分析结果

2.1.2　常用的图谱划分准则

在图谱理论中，将图 G 划分成 C_1 和 C_2 两个互不相交的子图的目标函数定义为两个子图之间的切，其具体形式如下：

$$\text{Cut}(C_1, C_2) = \sum_{v_i \in C_1, v_j \in C_2} S_{ij} \qquad (2\text{-}8)$$

Wu 等[19]提出的最小切准则是通过对上述目标函数进行最小化来实现图 G 的划分，最终使得子图 C_1 和 C_2 间的连接权值之和最小。他们也将该准则应用到图像分割中，取得了比较理想的效果。

从切的定义可以看出，最小切准则仅考虑了两个子图之间的相似程度，而没有考虑每个子图内部的相似程度，容易产生偏斜划分。为了解决这个问题，许多学者通过在该目标函数中引入不同的平衡条件提出了多种性能更优的图谱划分准则。

率切（RCut）准则是由 Hagen 等[5]于 1992 年提出的，该准则通过引入类规模平衡项来最小化类间相似性，其具体定义如下：

$$\text{RCut}(C_1, C_2) = \frac{\text{Cut}(C_1, C_2)}{|C_1|} + \frac{\text{Cut}(C_1, C_2)}{|C_2|} \tag{2-9}$$

式中，$|C_1|$ 和 $|C_2|$ 分别表示子图 C_1 和 C_2 中顶点的个数。率切准则虽然减小了过分割的可能性，但是由于它只考虑了类间的相似性最小，因此利用该准则得到的聚类结果容易产生偏斜。

2000 年，Shi 等[9]提出了规范切（NCut）准则，该准则通过引入容量的概念来规范化类间相关性，不仅能够衡量类间样本间的相似程度，也能衡量类内数据间的相似程度，较好地解决了已有准则将少数样本点孤立为一类的偏斜划分问题。该准则的目标函数为

$$\text{NCut}(C_1, C_2) = \frac{\text{Cut}(C_1, C_2)}{\text{degree}(C_1)} + \frac{\text{Cut}(C_1, C_2)}{\text{degree}(C_2)} \tag{2-10}$$

式中，$\text{degree}(C_1) = \text{Cut}(C_1, G)$ 为子图 C_1 中的顶点到图 G 中所有顶点的权值之和。

与规范切准则类似，由 Ding 等[20]在 2001 年提出的最小最大切（MMCut）准则也同时满足类内相似性大而类间相似性小的原则，具体定义如下：

$$\text{MMCut}(C_1, C_2) = \frac{\text{Cut}(C_1, C_2)}{\text{Cut}(C_1, C_1)} + \frac{\text{Cut}(C_1, C_2)}{\text{Cut}(C_2, C_2)} \tag{2-11}$$

在这三个准则中，规范切准则是应用最广泛的图谱划分准则，在本书中，主要介绍的是以规范切准则为基础改进的一系列谱聚类算法。

需要注意的是，上述划分准则的目标函数都是将图划分成两个子图。当需要对图进行多类划分时，一种解决方式是通过递归调用上述二路划分方法来实现；另外一种解决方式是将二路划分图谱准则推广到多路模式来求解多类划分问题。由于递归调用二路划分方法的计算效率低且性能不够稳定[9]，因此采用多路图谱划分准则是一种非常有效的方式，该类方法使用多个特征向量来进行划分，避免了信息损失而造成的性能不稳定性[21,22]。下面给出三种多路图谱划分准则。

多路率切（multiway ratio cut，MRCut）准则[23]：

$$\text{MRCut}(C_1, C_2, \cdots, C_k) = \sum_{l=1}^{k} \frac{\text{Cut}(C_l, G - C_l)}{|C_l|} \tag{2-12}$$

多路规范切（multiway normalized cut，MNCut）准则[9,24]：

$$\text{MNCut}(C_1, C_2, \cdots, C_k) = \sum_{l=1}^{k} \frac{\text{Cut}(C_l, G - C_l)}{\text{degree}(C_l)} \tag{2-13}$$

多路最小最大切（multiway min-max cut，MMMCut）准则[20]：

$$\text{MMMCut}(C_1, C_2, \cdots, C_k) = \sum_{l=1}^{k} \frac{\text{Cut}(C_l, G - C_l)}{\text{Cut}(C_l, C_l)} \qquad (2\text{-}14)$$

从多路规范切准则的定义可以看出，当 $k=2$ 时，MNCut 准则和 NCut 准则是等价的。实际上，多路图谱划分准则的优化问题也是一个 NP 难问题，一种有效的求解方法是考虑问题在放松的实数域上的逼近解。Gu 等[3]指出多路规范切准则和多路最小最大切准则的谱放松解位于拉普拉斯矩阵的前 k 个最大特征值对应的特征向量张成的子空间上，这样做就将原问题转换为求解矩阵的特征值和特征向量的问题。

拉普拉斯矩阵分为非规范化的拉普拉斯矩阵和规范化的拉普拉斯矩阵。假设相似性矩阵为 S，度矩阵为 D，对角元素 D_{ii} 是 S 的第 i 行的元素之和，即顶点 i 的度。非规范化的拉普拉斯矩阵为如下形式：

$$L = D - S \qquad (2\text{-}15)$$

规范化的拉普拉斯矩阵有两种形式[25]：

$$L_{\text{sym}} = D^{-1/2} L D^{-1/2} = I - D^{-1/2} S D^{-1/2}$$
$$L_{\text{rw}} = D^{-1} L = I - D^{-1} S \qquad (2\text{-}16)$$

为了从特征向量中获得离散解，谱聚类算法的后续阶段再利用传统的聚类算法求解数据在 k 维子空间上的最终划分。

2.1.3　经典的谱聚类算法

鉴于采用的图谱划分准则和谱映射方法的不同，谱聚类算法的实现方法也有所不同。其差异之处主要在于：①相似性矩阵的构造方式不同；②采用的拉普拉斯矩阵不同；③使用的矩阵特征向量不同；④从特征向量获得最终聚类的方法不同。这里以多路规范切准则为例，介绍几种经典的谱聚类算法，其中包括 2000 年 Shi 等[9]提出的 Shi-Malik（SM）算法，2001 年 Ng 等[12]提出的 Ng-Jordan-Weiss（NJW）算法，以及 2004 年 Fowlkes 等[26]提出的使用 Nyström 方法来求解规范切准则的方法。

1. SM 算法

SM 算法是 Shi 等[9]在规范切准则的基础上提出的，并提出了一个启发式算法来最小化多路规范切准则。此外，他们还提出了递归二路划分和多路划分的 SM 算法来解决数据的多类问题。递归二路划分 SM 算法只使用第二小特征值对应的特征向量进行划分，而多路划分 SM 算法则是通过使用 k 个特征向量来进行聚类。对于一个 k 类问题，多路划分 SM 算法的基本步骤如下。

步骤 1：计算数据对应的带权无向图 $G=(V, E, S)$ 中的相似性矩阵 S，并使得对角线元素 $S_{ii}=0$。

步骤 2：计算度矩阵 D，该矩阵为对角矩阵，其对角元素 D_{ii} 是矩阵 S 的第 i 行之和。

步骤 3：根据 $(D-S)v=\lambda Dv$，求解其中的特征值 λ 和特征向量 v。

步骤 4：选择第 2 到第 $k+1$ 小的 k 个特征值对应的特征向量，使用 k 均值聚类算法进行聚类得到 k' 类。

步骤 5：按照合并后的 MNCut 准则，每次选择两个类进行合并。重复这一操作，直到剩下 k 个类。

2. Ng-Jordan-Weiss 算法

Ng-Jordan-Weiss 算法由 Ng 等[12]提出，是一种应用非常广泛的谱聚类算法。该算法在规范化拉普拉斯矩阵的前 k 个最大特征值对应的特征向量张成的空间上寻找一个新的模式表示，来解决规范切准则的优化问题。下面给出这个算法的流程。

步骤 1：计算数据的相似性矩阵 S，并使得对角线元素 $S_{ii}=0$。

步骤 2：计算度矩阵 D 和规范化拉普拉斯矩阵 $L=D^{-1/2}SD^{-1/2}$，矩阵 D 中元素 D_{ii} 是 S 的第 i 行的元素之和，其他元素为 0。

步骤 3：构造矩阵 $V=[v^1,v^2,\cdots,v^k]$，$v^1,v^2,\cdots,v^k$ 为 L 的 k 个最大特征值对应的特征向量。

步骤 4：通过归一化 V 的行向量得到矩阵 Z，即 $Z_{ij}=V_{ij}\Big/\left(\sum_j V_{ij}^2\right)^{1/2}$，$Z$ 的每一行即为原始数据在 R^k 空间中新的数据表示。

步骤 5：使用经典聚类算法将 Z 聚为 k 类，得到原始数据的划分。

之所以要选取规范化拉普拉斯矩阵 L 的前 k 个最大特征值所对应特征向量，是因为对于一个具有 k 个理想划分的数据集，可以证明矩阵 L 的前 k 个最大特征值为 1，第 $k+1$ 个特征值则一定小于 1，二者之间的差异程度取决于这 k 个聚类的分布情况[12]。当每个划分类内部分布越密且各划分类间分布越开时，第 $k+1$ 个特征值就越小，此时，以 Z 矩阵中的每行作为 k 维空间中的一个点所形成的 k 个聚类对应着原空间中所有点形成的 k 个聚类。

3. Nyström 谱聚类算法

为了降低谱聚类算法的计算复杂度，2004 年 Fowlkes 等[26]提出使用 Nyström 逼近技术[27-29]来优化规范切准则。该算法首先在一个小的采样样本集上求解图划分问题，然后将得到的解推广到整个数据集，即采用 Nyström 方法来估计拉普拉斯矩阵的特征向量，降低了特征向量求解的复杂度。

Nyström 方法[27-29]是一种求解特征函数的数学逼近解的方法。假设原始数据集有 n 个数据点，从这 n 个数据点中随机选取 l 个数据点，剩余的数据点个数为 $n-l$。因此在已知相似性矩阵 S 的前提下，可以根据选取的采样集合将相似性矩阵 S 分解成下面形式：

$$S = \begin{bmatrix} A & B \\ B^{\mathrm{T}} & C \end{bmatrix} \tag{2-17}$$

式中，$A \in R^{l \times l}$ 为随机选取的数据点之间的相似性矩阵；$B \in R^{(n-l) \times l}$ 为选取数据点与剩余数据点之间的相似性矩阵；$C \in R^{(n-l) \times (n-l)}$ 为剩余数据点之间的相似性矩阵。假设 $\bar{U}_S$ 表示 S 的特征向量矩阵的近似矩阵，如果 A 可以被对角化为 $A = U \Lambda U^{\mathrm{T}}$，则通过 Nyström 方法推广可以得到

$$\bar{U}_S = \begin{bmatrix} U \\ B^{\mathrm{T}} U \Lambda^{-1} \end{bmatrix} \tag{2-18}$$

假设 $\hat{S}$ 表示 S 的近似矩阵，利用 $\hat{S}$ 正交化可知：

$$\hat{S} = \bar{U}_S \Lambda \bar{U}_S^{\mathrm{T}} = \begin{bmatrix} U \\ B^{\mathrm{T}} U \Lambda^{-1} \end{bmatrix} \Lambda \begin{bmatrix} U^{\mathrm{T}} & \Lambda^{-1} U^{\mathrm{T}} B \end{bmatrix} = \begin{bmatrix} U \Lambda U^{\mathrm{T}} & B \\ B^{\mathrm{T}} & B^{\mathrm{T}} A^{-1} B \end{bmatrix}$$

$$= \begin{bmatrix} A & B \\ B^{\mathrm{T}} & B^{\mathrm{T}} A^{-1} B \end{bmatrix} = \begin{bmatrix} A \\ B^{\mathrm{T}} \end{bmatrix} A^{-1} \begin{bmatrix} A & B \end{bmatrix} \tag{2-19}$$

从公式（2-19）可以看出，利用 Nyström 推广形式可以得到 C 的近似矩阵 $B^{\mathrm{T}} A^{-1} B$。

如果 A 是正定矩阵，可以通过如下的方法得到 $\hat{S}$ 的对角化形式，从而求解得到特征向量。假设 $A^{1/2}$ 表示矩阵 A 的对称正定平方根，定义矩阵 $P = A + A^{1/2} B B^{\mathrm{T}} A^{-1/2}$，$P$ 的对角化形式为 $P = U_P \Lambda_P U_P^{\mathrm{T}}$。定义矩阵 V 为

$$V = \begin{bmatrix} A \\ B^{\mathrm{T}} \end{bmatrix} A^{-1/2} U_P \Lambda_P^{-1/2} \tag{2-20}$$

那么，公式（2-19）可以表示为

$$\hat{S} = \begin{bmatrix} A \\ B^{\mathrm{T}} \end{bmatrix} A^{-1} \begin{bmatrix} A & B \end{bmatrix}$$

$$= \left(\begin{bmatrix} A \\ B^{\mathrm{T}} \end{bmatrix} A^{-1/2} U_P \Lambda_P^{1/2} \right) \Lambda_P \left(\Lambda_P^{1/2} U_P^{\mathrm{T}} A^{-1/2} \begin{bmatrix} A & B \end{bmatrix} \right) = V \Lambda_P V^{\mathrm{T}} \tag{2-21}$$

可以看出，矩阵 $\hat{S}$ 可以写成 V 和 Λ_P 对角化的形式，即 $\hat{S} = V \Lambda_P V^{\mathrm{T}}$，$V^{\mathrm{T}} V = I$。值得指出的是，当随机选取的数据集中存在冗余时，必须使用伪逆来代替逆运算。

这里以规范切准则为例，具体介绍如何使用 Nyström 近似算法来求解。为了得到近似的规范化拉普拉斯矩阵，必须计算矩阵 $\hat{S}$ 每行元素的和。这在没有明确计算块 $B^{\mathrm{T}} A^{-1} B$ 的值的情况下也是可能实现的，这是因为矩阵 $\hat{S}$ 的行和可以用下式

估计：

$$\hat{d} = \hat{S}1 = \begin{bmatrix} A1_l + B1_{n-l} \\ B^{\mathrm{T}}1_l + B^{\mathrm{T}}A^{-1}B1_{n-l} \end{bmatrix} = \begin{bmatrix} a_r + b_r \\ b_c + B^{\mathrm{T}}A^{-1}b_r \end{bmatrix} \qquad (2\text{-}22)$$

式中，$a_r, b_r \in R^{n-l}$ 分别表示矩阵 A 和 B 的行元素之和；$b_c \in R^l$ 表示矩阵 B 的列元素之和；1 表示一个单位列向量。进一步，$A = \begin{bmatrix} A_{ij} \end{bmatrix}$ 和 $B = \begin{bmatrix} B_{ij} \end{bmatrix}$ 由下式得到

$$A_{ij} \leftarrow \frac{A_{ij}}{\sqrt{\hat{d}_i \hat{d}_j}}, \qquad i, j = 1, 2, \cdots, l \qquad (2\text{-}23)$$

$$B_{ij} \leftarrow \frac{B_{ij}}{\sqrt{\hat{d}_i \hat{d}_{j+l}}}, \qquad i = 1, 2, \cdots, l; j = 1, 2, \cdots, n-l \qquad (2\text{-}24)$$

因此，Nyström 谱聚类算法的主要步骤如下。

步骤 1：给定随机选取点的数目，构造选取点间的相似性矩阵 A 以及选取点和剩余点间的相似性矩阵 B。

步骤 2：采用公式（2-23）和公式（2-24）对 A 和 B 进行处理。

步骤 3：计算矩阵 $P = A + A^{1/2}BB^{\mathrm{T}}A^{-1/2}$，并对其进行奇异值分解得到 $P = ULV^{\mathrm{T}}$。

步骤 4：利用公式（2-20）计算得到矩阵 V。

步骤 5：对矩阵 V 进行处理，得到矩阵 E，即 $E_{ir} = V_{ij}/V_{i1}$，$r = j - 1, j = 2, 3, \cdots, k+1$。

步骤 6：将 E 的每一行看成原始数据在 R^k 空间中新的表示，使用经典聚类算法将其聚为 k 类，得到原始数据的划分。

尽管谱聚类算法具有坚实的理论基础——图谱理论[1]，并且在实践中也取得了很好的效果，但它存在的一个最大问题是该算法不适用于大规模数据，特别是海量数据的聚类问题。一是因为当谱聚类算法用于数据分类时，不可避免地要计算矩阵的特征值与特征向量。求解非稀疏矩阵的所有特征向量的标准解法需要 $O(N^3)$（N 为样本数据数目），因此，对于大规模数据，特别是海量数据来说，这种计算的代价是非常大的。二是因为数据的数据量越大，相似性矩阵就会越大，当数据量达到一定规模时，相似性矩阵的存储需要的空间会超出计算机的内存。另外，谱聚类算法中的首要工作就是构造相似性矩阵，相似性矩阵中的每一个元素表示的是两两数据点之间相似性，一般采用高斯函数来构造相似性矩阵。但这种相似性矩阵的构造仅仅考虑了数据的局部一致性，没有考虑数据的全局一致性，即没有保证位于同一流形上的数据点具有较高的相似性[8,16,30]。

数据量大而导致谱聚类算法复杂度高、聚类性能下降，一种直接有效的解决途径就是通过对原始数据进行约简来减少数据量。在模式识别中，数据约简的根本目的是在保持分类算法扩展性的前提下，实现算法的存储需求和运行时间的减少[31]。通常，数据集中都包含很多的冗余数据，如果能够找到一个包含代表数

据的小数据集来代替该大规模数据集，并且获得与使用整个数据集相当的分类或决策性能，那么这种方法就是有效的。近几十年来，许多学者对数据约简的算法[32-35]进行了研究。数据约简[36]是数据预处理的一个重要研究内容，是在保持分类和决策性能的前提下，去掉数据中相似、重复和冗余的信息。该类方法可以通过减少数据规模来减少数据存储空间和处理时间，此外尽量保留了原始数据集中的有用信息来提高数据分类和决策的准确性和可靠性。本章针对不同的数据，设计不同的约简方法，对基于数据约简的谱聚类方法进行介绍。

2.2　基于分层的模糊聚类约简谱聚类算法

从整个原始数据集中抽样取得一定数目的随机样本是一种简单的数据约简方法。抽样是统计学中一种常用的调查方法，也是减少样本容量方法中比较常用的方法。现有的各种统计的采样方法包括简单随机采样、分层采样和压缩重复采样等方法[37-39]。简单随机采样策略就是从训练集中随机地、无重复地抽取部分样本，选取的每一个样本被视为在整个样本集中具有同样的作用。然而简单随机采样方法带有一定的盲目性，它没有采用数据中的任何信息。分层采样方法[37]的目的是尽量获得连贯的数据分布，借助统计学习中分层采样的思想和方法，按照特征属性的不同将总体数据划分为若干个层，在每个层中独立进行其他采样，最终得到要选取的样本。

2.2.1　谱聚类数据约简框架

为了解决谱聚类算法不利于进行大规模数据的计算和扩展等问题，首先考虑将数据划分为若干个子集，其次根据具体的子集约简策略对各个子集进行约简，得到原始数据的约简集合，最后对约简后的数据采用谱聚类进行分类，进而得到原始数据的划分[40]。

近年来提出了若干数据约简方法，其中包括基于最近邻的方法[35]和基于密度的方法[41]，这类方法都需要计算原始数据之间的距离，需要大量的存储空间和计算代价，当处理海量数据集时，对计算机资源的消耗仍然很大。另外还有基于随机采样的方法[42]，即随机抽取一个初始子集，然后通过一个学习过程不断调整训练子集中的样本，以达到最终约简原始数据的目的，但是此种方法需要训练样本。本节设计了一种数据分层约简的框架，即对原始数据进行分层处理，对每层的数据采用一定的数据约简策略进行约简，这时只需要计算层内数据之间的关系，大大减少了存储空间和计算代价。图2-4给出了分层约简策略示意图。

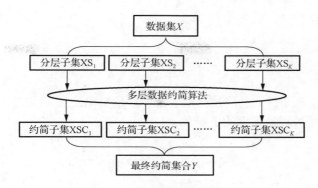

图 2-4　分层约简策略示意图

假设一组抽样观察数据集为 $X = \{x_i\}_{i=1}^{N}$，$x_i \in R^p$，首先将 X 中的数据分为互不相交的 K 层，在划分的过程中保持它们的特征属性不变，即 $X = \bigcup_{j=1}^{K} \mathrm{XS}_j$，$\mathrm{XS}_{j_1} \bigcap \mathrm{XS}_{j_2} = \phi$，$j_1 \neq j_2$。其次对每一层中的数据采用一定的数据约简策略，对于第 i 个分层子集 XS_i，使用相应的约简算法得到的该层约简子集为 XSC_i。最后将每个层的约简子集合并，则得到原始数据集 X 的最终约简集合 Y，即 $Y = \bigcup_{i=1}^{K} \mathrm{XSC}_i$。

2.2.2　模糊聚类子集约简策略

对每一层的集合进行约简，就是希望通过删掉某些样本，选取能够具有代表性的样本来组成一个新的子集。传统的聚类分析方法就是利用样本间的相似性将高度相似的样本聚为同一类，因此可以从形成的每一类中选择一个代表样本来代替这个类，从而达到数据约简的目的。

在本节中，采用模糊聚类的思想对数据集进行约简。模糊 c 均值聚类算法是一种非常有效的聚类分析方法。1974 年 Dunn[43]将 k 均值聚类算法推广到模糊情况，同年 Bezdek[44]将 Dunn 的方法一般化，建立了模糊 c 均值聚类理论。对于第 i 个分层子集 XS_i，假设该数据集的大小为 N，需要获得的约简子集的数目为 C，本节采用模糊聚类方法对该子集进行划分得到 C 个子集，每个子集选取一个聚类原型 V_l 作为该子集的代表数据。上述操作可以通过优化下式中的目标函数来实现：

$$J_{\mathrm{FCM}}(U, V) = \sum_{l=1}^{C} \sum_{j \in \mathrm{XS}_i} u_{lj}^{m} \left\| x_j - V_l \right\|^2 \tag{2-25}$$

式中，$u_{lj} \in [0,1]$ 为样本 x_j 对原型 V_l 的隶属程度；m 为控制模糊程度的参数。此外上述目标函数需要满足以下条件：

$$\sum_{l=1}^{C} u_{lj} = 1, \quad \forall j \tag{2-26}$$

$$1 < \sum_{j \in \mathrm{XS}_i} u_{lj} < N \tag{2-27}$$

根据上述限制条件，利用拉格朗日乘子法最小化公式（2-25）中的目标函数，可以得到聚类原型和隶属度的更新公式：

$$V_l = \frac{\sum\limits_{j \in \mathrm{XS}_i} u_{lj}^m x_j}{\sum\limits_{j \in \mathrm{XS}_i} u_{lj}^m}, \quad 1 \leqslant l \leqslant C \tag{2-28}$$

$$u_{lj} = \left[\sum_{p=1}^{C} \left(\frac{\left\| x_j - V_l \right\|^2}{\left\| x_j - V_p \right\|^2} \right)^{1/(m-1)} \right]^{-1}, \quad 1 \leqslant l \leqslant C, j \in \mathrm{XS}_i \tag{2-29}$$

通过上述方法对每个分层子集进行模糊聚类约简，可以得到 C 个代表数据。因此对整个数据集 X 进行多层模糊聚类约简可以得到含有 $K \times C$ 个样本的约简子集。本节采用 2.1.1 小节给出的人工数据 2 和图 2-5 中给出的人工数据 3 这两个数据集为例展示基于分层模糊聚类的数据约简结果。人工数据 2 包含 299 个数据点，人工数据 3 包含 2640 个数据点。

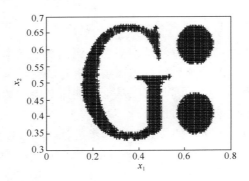

图 2-5　人工数据 3

对于人工数据 2，首先采用随机分层算法将该数据分成两个数据集，分别包含 149 个数据点和 150 个数据点，其次对两部分数据分别采用模糊聚类技术提取 50 个聚类原型，最后获得了 100 个代表点。图 2-6 给出了人工数据 2 的多层模糊聚类约简结果。图 2-6（c）为原始数据的最终约简子集。可以很明显地看出约简后的数据集在数据量少于原始数据的同时依然保留着与原始数据类似的结构。对于人工数据 3，设置分层数目为 3，对每层数据分别提取 300 个代表点，最终得到包含 900 个数据点的约简子集。图 2-7 中给出了人工数据 3 的多层模糊聚类约简结果。

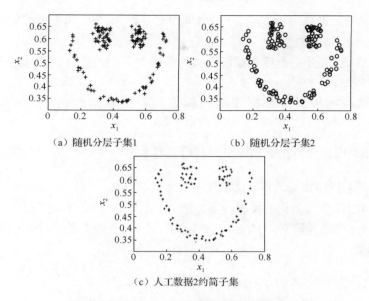

（a）随机分层子集1　　　　　　　（b）随机分层子集2

（c）人工数据2约简子集

图 2-6　人工数据 2 的多层模糊聚类约简结果

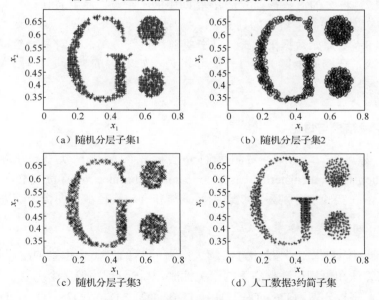

（a）随机分层子集1　　　　　　　（b）随机分层子集2

（c）随机分层子集3　　　　　　　（d）人工数据3约简子集

图 2-7　人工数据 3 的多层模糊聚类约简结果

2.2.3　基于流形距离测度的分层模糊约简谱聚类

在 2.2.1 小节中，流形距离测度已经展示了其在数据全局一致性上的特性，鉴于此，本节利用流形距离测度来构造约简子集中数据间的相似性。

已知原始数据集为 $\{x_i\}_{i=1}^{N}$，分类数目为 k，基于流形距离测度的分层模糊约简谱聚类[40]的基本步骤如下。

步骤 1：输入分层数目和模糊聚类约简聚类原型的数目，此外给出流形距离测度中的伸缩因子 ρ。

步骤 2：利用多层模糊聚类约简方法得到原始数据集 X 的约简子集 $Y=\{y_j\}_{j=1}^{T}$，其中，T 为约简子集的数据个数。

步骤 3：根据流形距离的定义，利用公式 $S_{ij}=\dfrac{1}{D(y_i,y_j)+1}$（$1\leqslant i,j\leqslant T$）构造数据集 Y 的相似性矩阵 S，设置对角线元素 $S_{ii}=0$。

步骤 4：计算规范化的拉普拉斯矩阵 $L=D^{-1/2}SD^{-1/2}$。

步骤 5：构造矩阵 $V=[v^1,v^2,\cdots,v^k]$，$v^1,v^2,\cdots,v^k$ 为 L 的 k 个最大特征值对应的特征向量。

步骤 6：归一化 V 的行向量，得到矩阵 Z，即 $Z_{ij}=V_{ij}\Big/\left(\sum_{j=1}^{k}V_{ij}^2\right)^{1/2}$。

步骤 7：将 Z 的每一行看成是 R^k 空间中的一个点，使用 KM 聚类算法将其聚为 k 类，实现对约简子集 Y 的划分。

步骤 8：对原始数据采用最近邻分类算法进行分类，即对原始数据中的每一个数据点 x_i，在约简子集 Y 中寻找最近邻 y_j，如果 y_j 的类别是 k，则数据点 x_i 的类别即为 k。

2.2.4　实验结果与讨论

为了验证基于流形距离测度的分层模糊约简谱聚类（multilayer fuzzy condensation spectral clustering based on manifold distance measure，MFC_SC）算法的有效性，在实验中分别采用纹理图像聚类和合成孔径雷达图像分割进行实验。

1. Brodatz 纹理图像聚类实验

Brodatz 纹理图像库[45]是由 112 幅大小为 640 像素×640 像素的纹理图像组成。为了考察算法在大规模数据集下的聚类性能，从该纹理图像库中选取了 16 幅自然纹理图像，序号分别为 D6、D9、D19、D20、D21、D24、D29、D53、D55、D57、D78、D80、D83、D84、D85 和 D92，图 2-8 中给出了 16 幅自然纹理图像。实验中，从每幅图像中随机抽取互不重叠的 $N/16$ 个 128 像素×128 像素的子图像作为一类，因此共有 16 类，数据规模为 N。本实验中，产生 11 个数据集，数据规模从 10000 个样本逐步增加到 370000 个样本，步长为 40000。

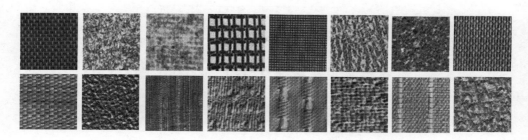

图 2-8　16 幅自然纹理图像

对每幅子图像采用平稳小波变换[46]提取该图像的纹理特征。在本实验中，首先对纹理图像进行 3 层平稳小波变换，得到 10 个频带图像，将每个频带内的系数按照如下公式计算：

$$e = \frac{1}{128^2} \sum_{m,n=1}^{128} |c(m,n)| \qquad (2\text{-}30)$$

式中，$c(m,n)$ 为频带内的小波系数。

采用聚类准确率[18]来评价算法的性能，其定义如下：

$$\mathrm{CA} = \frac{\sum_{i=1}^{N} \delta(t_i, \mathrm{map}(r_i))}{N} \qquad (2\text{-}31)$$

图 2-9 给出的是 Brodatz 纹理图像库聚类实验结果，图 2-9（a）中给出 MFC_SC 算法在不同数据规模下的最大、最小和平均聚类准确率结果，从图中可以看出，随着数据规模的增大，算法性能没有明显的降低，最小的聚类准确率都高于 0.89。图 2-9（b）中给出了不同数据规模下的算法运行时间，由于数据规模的增大，增加了算法的运行时间，耗费的时间主要来自多层模糊聚类约简算法。因此通过增大分层数目，考察分层数目对算法性能和运行时间的影响，实验结果在图 2-9（c）中给出。随着分层数目的增加，聚类准确率有所降低，但是算法运行时间大大减少，当算法层数为 110 时，MFC_SC 算法的运行时间为 1533s，算法聚类准确率为 0.885。综合考虑算法性能和运行时间，分层数目可以在 30～60 取值。

2. 合成孔径雷达图像分割实验

为了验证 MFC_SC 算法在 SAR 图像上的分割性能，本实验选择一幅 Ku 波段 SAR 图像和一幅 X 波段 SAR 图像进行实验。对比方法为自调节谱聚类（self-tuning spectral clustering, SSC）方法[13]和 Nyström 方法[26]。与纹理图像聚类实验类似，在 SAR 图像中对以每个像素为中心、大小为 16 像素×16 像素的窗采用平稳小波变换三层分解提取 10 维纹理特征作为该像素的特征，然后对像素进行聚类

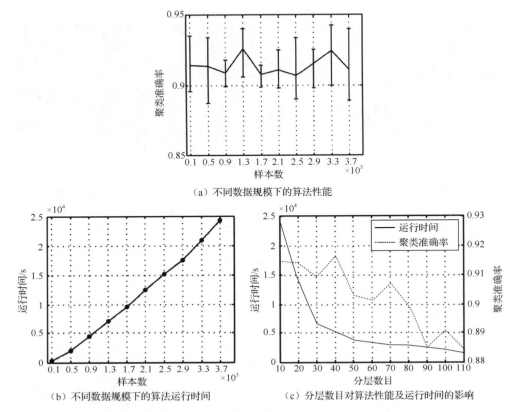

（a）不同数据规模下的算法性能

（b）不同数据规模下的算法运行时间　　　（c）分层数目对算法性能及运行时间的影响

图 2-9　Brodatz 纹理图像库聚类实验结果

得到图像的分割结果。三种方法在两幅 SAR 图像上的分割结果如图 2-10 和图 2-11 所示。

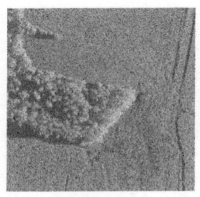

（a）原始图像　　　　　　　　　　　　（b）SSC 方法分割结果

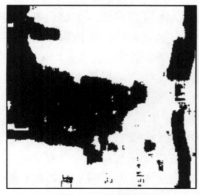
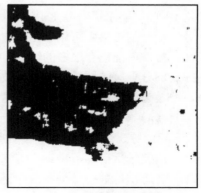

（c）Nyström 方法分割结果　　　　　　　　（d）MFC_SC 方法分割结果

图 2-10　SSC、Nyström 和 MFC_SC 方法在 Ku 波段植被 SAR 图像上的分割结果

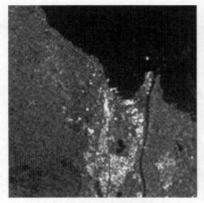

（a）原始图像　　　　　　　　　　　　（b）SSC 方法分割结果

（c）Nyström 方法分割结果　　　　　　　　（d）MFC_SC 方法分割结果

图 2-11　SSC、Nyström 和 MFC_SC 方法在 X 波段港口 SAR 图像上的分割结果

　　图 2-10（a）展示了一幅 Ku 波段植被 SAR 原始图像，主要包括植被和平原两个部分。从分割结果中可以看出，自调节谱聚类方法在植被区域没有保持很好的完整性，植被内部也有很多的错分。此外自调节谱聚类方法和 Nyström 方法都将右侧的一部分平原区域错分为了植被。MFC_SC 方法虽然在植被区域也有一些错分点，但是整体视觉效果优于另外两种对比方法。

　　图 2-11（a）给出了瑞士某地区的一幅 X 波段港口 SAR 原始图像，主要包括海洋、城市和山脉三部分。自调节谱聚类方法的结果将城市和山脉错分成了一类。Nyström 方法要优于自调节谱聚类算法，但是在山脉与海洋的交界处有明显的错分。MFC_SC 方法能够很好地将三个区域分割出来，并且没有明显的错分。

2.3　基于分层的密度约简谱聚类算法

　　一般来说，大多数数据的分布并不均匀，每个点周围的密度不同。因此，在本节中从考虑数据的密度出发，尝试在任意形状的数据集上进行数据约简。密度的概念是基于距离函数的[47]，计算每个样本附近的密度，然后根据每个样本附近的密度值来找到样本比较集中的区域，最后寻找一个代表点来代替某个区域。

2.3.1　基于密度的数据约简策略

　　k 近邻法是一种简单的密度估计方法。这里首先给出几个变量的定义，$d(x,z)$ 表示点 x 与点 z 的欧氏距离；$S_{r,z}$ 表示点 z 在多维空间中半径为 r 的一个超球体，即 $S_{r,z} = \{x \mid d(x,z) \leqslant r\}$；用 A_r 表示超球体 $S_{r,z}$ 的体积。下面给出 k 近邻密度估计的理论基础[48]，由前面给出的 $S_{r,z}$ 的定义，点 x' 落入 $S_{r,z}$ 上的概率为

$$\theta = \int_{A_r} p(z)\mathrm{d}x \tag{2-32}$$

式中，积分在体积为 A_r 的球体区域上进行。当体积 A_r 的值很小时，公式（2-32）可以记为

$$\theta \approx p(z)A_r \tag{2-33}$$

概率 θ 可以近似为落入 $S_{r,z}$ 内的样本比例。假设有 N 个样本，$k(N)$ 表示这些样本落入 $S_{r,z}$ 内的样本的个数，则有

$$\theta \approx \frac{k(N)}{N} \tag{2-34}$$

结合公式（2-33）和公式（2-34）得到点 z 的密度 $p(z)$ 的近似：

$$\hat{p}(z) = \frac{k(N)}{N} \times \frac{1}{A_{r_{k(N),z}}} \tag{2-35}$$

式中，$r_{k(N),z}$ 为数据点 z 在 N 个样本点中与其最近的 $k(N)+1$ 个数据点之间的距离。

为了能够找到更加符合原始数据结构的约简子集，采用密度聚类和 k 近邻密度估计的思想，提出基于密度的子集约简策略[49]。假设 $R_{k,z}$ 表示 z 到 z 的第 k 个最近邻的距离，k 为对每层数据约简的参数。这里以第 j 个分层子集 XS_j 为例，给出数据约简的算法流程。

输入：第 j 个分层子集 XS_j，约简参数 k（k 小于子集 XS_j 中元素的数目），阈值 $\varepsilon_k=0$。

步骤 1：对于 XS_j 中的每个数据 x_i，计算 x_i 与其在 XS_j 中第 k 个最近邻数据之间的距离 R_{k,x_i}，设置 $\varepsilon_k = \min\limits_{x_i \in XS_j} R_{k,x_i}$。

步骤 2：选择满足 $R_{k,x_l} = \varepsilon_k$ 的数据点 x_l，将该数据点存储在第 j 层的约简集合 XSC_j 中，将所有满足 $d(x_l, z) \leqslant 2\varepsilon_k$ 的点从第 j 层 XS_j 中删除。

步骤 3：如果 XS_j 为空，则该层数据约简结束，选出它的一个最优约简集合 XSC_j。如果 XS_j 的元素都满足 $R_{k,x_i} > 2\varepsilon_k$，则 $k=k-1$，返回步骤 1；否则保持 k 不变，返回步骤 1 继续约简。

输出：约简集合 XSC_j。

上述算法步骤可以采用图 2-12 中的例子来解释，初始数据集包含 12 个数据点，k 的初始值为 4。按照步骤 1 计算每个数据点 x_i 的 R_{k,x_i}，找到满足与其 k 最近邻点的距离为 $\varepsilon_k = \min\limits_{x_i \in XS_j} R_{k,x_i}$ 的数据点，这里为分组 1 中标记为"+"数据点。然后将该数据点满足 $d(x_l, z) \leqslant 2\varepsilon_k$ 的数据点全部删除，并继续按照上述步骤进行约简。在该过程中，如果剩余数据点的 $R_{k,x_i} > 2\varepsilon_k$，则将参数 k 进行减 1 操作，继续上面步骤，直到初始数据集变为空集。因此，图 2-12 给出了基于密度的代表点选择示意图，最终数据集被约简成标记为"+"的 4 个数据点。

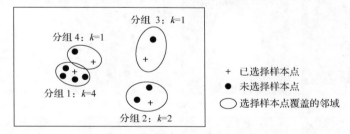

图 2-12　基于密度的代表点选择示意图

2.3.2　算法复杂性分析

本节算法的复杂度主要是由数据约简算法和流形距离测度谱聚类算法的复杂度决定。不失一般性，假设原始数据样本数为 N，数据分层数目为 K，约简后样

本数目为 T，因为是采用均匀分层的方法，每层的样本数据为 N/K，所以每层约简算法的计算复杂度为 $O((N/K)^3 \cdot k)$。基于流形距离测度的谱聚类算法的复杂度主要由求最短路径（采用最短路算法[50]）和特征分解的计算量所决定，计算复杂度为 $O(T^3)$。因此本章算法的复杂度为 $O(N^3/K^2 \cdot k + T^3)$，远小于原始谱聚类算法的复杂度 $O(N^3)$。

2.3.3 实验结果与讨论

1. 实验设置

为了验证基于分层的密度约简谱聚类（multilayer density condensation spectral clustering，MDCSC）方法的有效性，选取自调节谱聚类（SSC）方法和 Nyström 方法作为对比方法，采用人工合成纹理图像和 SAR 图像进行分割实验，对于 MDCSC 方法，分层数目分别为 20、50 和 100，密度约简的参数 k 为每层数据规模的千分之一。在下面的实验中，提取的平稳小波纹理特征都归一化到[0,1]，流形距离测度构造相似性时采用的尺度参数在集合 $[0.05, 0.1, \cdots, 0.95, 1]$ 中选择。在所有的方法中，都要采用 KM 聚类进行后续聚类。在 KM 聚类算法中，采用正交聚类中心初始化方法，最大迭代次数为 200，停止阈值为 10^{-5}。

2. 人工合成纹理图像分割实验

在本实验中，采用 4 幅 256 像素×256 像素的人工合成纹理图像，图 2-13 给出了人工合成纹理图像及其标准分割结果，图像中纹理均来自 Brodatz 纹理图像库。图 2-13 中（b）、（d）、（f）和（h）分别为这四个纹理图像的标准分割图像。

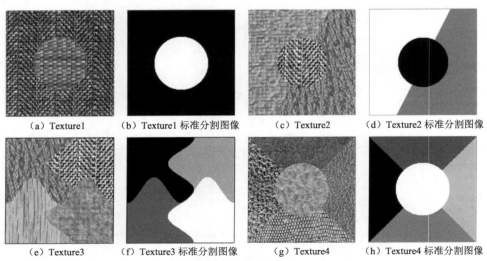

（a）Texture1　　（b）Texture1 标准分割图像　　（c）Texture2　　（d）Texture2 标准分割图像

（e）Texture3　　（f）Texture3 标准分割图像　　（g）Texture4　　（h）Texture4 标准分割图像

图 2-13　人工合成纹理图像及其标准分割结果

图 2-14 为人工合成纹理图像分割结果比较，展示了各个算法分割准确率随尺度参数的变化曲线。从结果中可以看出，基于分层的密度约简谱聚类方法在 Texture2、Texture3 和 Texture4 上都获得了最优的分割性能。对于 Texture1，SSC 方法获得的分割准确率要略高于 MDCSC 方法，然而该算法在每幅图像上的分割运行时间都超过了 400s，是所有比较方法中最长的。Nyström 方法的运行时间最短，但是其性能却是最不稳定的，容易受到尺度参数和随机采样点的影响。从分割性能和运行时间上综合考虑，MDCSC 要优于这两种比较方法。

3. SAR 图像分割实验

在本实验中，采用三幅 SAR 图像来验证 MDCSC 方法的性能。Ku 波段植被 SAR 图像和 X 波段港口 SAR 图像已经在 2.2.4 小节中进行了介绍。第三幅为美国新墨西哥州中部格兰德河附近地区的 Ku 波段 SAR 图像（简称为 Ku 波段河段 SAR 图像），主要由河流、植被和平原组成。由于在 2.2 节实验中可以明显看出，本章的方法对尺度参数是鲁棒的，因此在 MDCSC 方法中设置 $\rho=0.4$ 和 $K=20$。图 2-15～图 2-17 中分别给出了三幅 SAR 图像的分割结果。

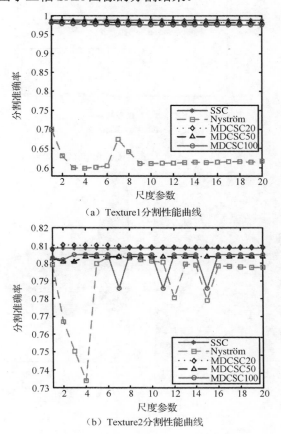

（a）Texture1分割性能曲线

（b）Texture2分割性能曲线

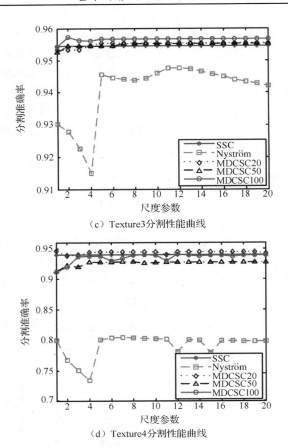

（c）Texture3分割性能曲线

（d）Texture4分割性能曲线

图 2-14　人工合成纹理图像分割结果比较

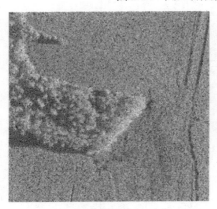

（a）原始图像

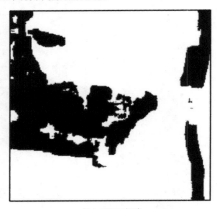

（b）SSC 方法

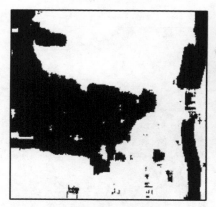

(c) Nyström 方法　　　　　　　　　　　(d) MDCSC 方法

图 2-15　SSC、Nyström 和 MDCSC 方法在 Ku 波段植被 SAR 图像上的分割结果

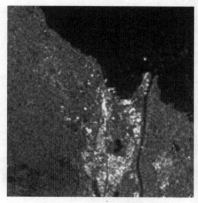

（a）原始图像　　　　　　　　　　　（b）SSC 方法

（c）Nyström 方法　　　　　　　　　　（d）MDCSC 方法

图 2-16　SSC、Nyström 和 MDCSC 方法在 X 波段港口 SAR 图像上的分割结果

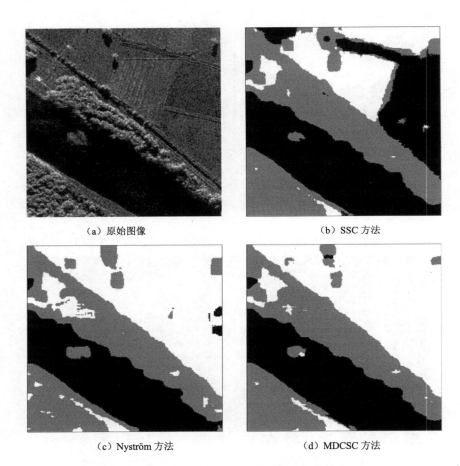

（a）原始图像　　　　　　　　　　（b）SSC 方法

（c）Nyström 方法　　　　　　　　（d）MDCSC 方法

图 2-17　SSC、Nyström 和 MDCSC 方法在
Ku 波段河段 SAR 图像上的分割结果

　　从三种比较方法的分割结果中可以看出，自调节谱聚类方法容易将部分区域错分，如 X 波段港口 SAR 图像中的城市和山脉被分成了一类，而 Ku 波段河段 SAR 图像的分割结果中，右上角的平原区域被错分成了两类。从整体的分割结果来看，Nyström 方法和 MDCSC 方法都要优于自调节谱聚类方法，然而在 Nyström 方法 X 波段港口 SAR 图像的结果中，山脉与海洋的交界处有明显的错分。此外，从第一幅和第三幅 SAR 图像的结果可以看出，Nyström 方法没有很好地对图像中噪声进行抑制。综合来看，MDCSC 方法能够很好地将图像中的不同区域分割出来，并且没有明显的错分。

2.4   基于区域彩色特征的谱聚类图像分割算法

Nyström 算法作为一种谱聚类的近似求解方法，可以解决传统谱聚类方法无法处理大规模数据的聚类问题。为了进一步提高图像的分割效率，同时克服 Nyström 算法的不稳定性，本节将超像素算法和改进的 Nyström 算法应用到彩色图像分割中，进而提出了基于超像素区域彩色特征的谱聚类图像分割（spectral clustering image segmentation based on superpixel region color feature, SC_SR）算法[51,52]。在该算法中，首先将待处理图像利用一种简单的线性迭代聚类（simple linear iterative clustering, SLIC）算法[53]预处理得到图像的超像素区域，其次提取每个超像素块内一个 w 像素×w 像素方形区域像素点的颜色特征，再次利用提取的特征构造超像素区域之间的相似性矩阵，最后采用隔点采样策略的 Nyström 谱聚类算法在获得的相似性矩阵基础上对超像素区域进行划分，得到最终的彩色图像分割结果。

2.4.1   超像素区域获取及其相似性构造

图像特征提取是图像处理的关键步骤，提取的特征能否很好地反映图像的特性，在图像工程中显得尤为重要，图像特征可以被分为两种类型：视觉特征和统计特征。视觉特征包括常见的颜色、纹理和形状等，可以由人类的眼睛比较直观地获取得到；统计特征不同于视觉特征，是间接获得的，包括频谱特征和直方图特征等。图像特征提取为后续的图形分析和图像识别奠定了基础。形状特征是图像特征提取中的一种重要表现形式，通常包括区域特征选取和轮廓特征提取。区域特征包含这个图像的区域面积，而轮廓特征指的是图像的边缘特征。一般情况下，区域特征比轮廓特征更可靠。

为了获得可靠的图像区域信息，本节采用简单的线性迭代聚类算法，即将彩色图像的 RGB 模型用 LAB 模型来表示，并与每一个像素点的位置坐标 x 和 y 相结合，使图像中的每一个像素点都可以由一个 5 维向量来表示，接着建立一个评价函数，根据像素点间的相似性进行聚类。该方法的优点是简单易于实现，分割速度快，分割后的超像素大小一致，具有较好的紧凑性和良好的边缘特性。简单的线性迭代聚类算法具体步骤如下。

步骤 1：初始化种子点。若待分割的图像 I 中的像素点的个数为 N，最终要分割成 k 个超像素块，则可以得到每个超像素块中像素点的个数为 N/k，每个超像素块区域的边长，即每个相邻种子点的距离近似可以表示为 $S=\sqrt{N/k}$。

步骤 2：计算像素点间的梯度值，在每个种子点周围的 3 像素×3 像素邻域内，沿着梯度下降的方向重新选择选取种子点，在移动的同时应该避免有种子点落在噪声处的现象。

步骤 3：遍历图像中的所有像素点，计算像素点与初始聚类中心的距离和相似度，将与像素相似度最大的种子点标签作为该像素的最终划分类别。相似度的计算公式具体如下：

$$d_{\text{lab}} = \sqrt{(l_i - l_j)^2 + (a_i - a_j)^2 + (b_i - b_j)^2} \tag{2-36}$$

$$d_{xy} = \sqrt{(x_i - x_j)^2 + (y_i - y_j)^2} \tag{2-37}$$

$$D_{ij} = d_{\text{lab}} + \frac{m}{S} d_{xy} \tag{2-38}$$

式中，d_{lab} 为彩色图像中像素点间的颜色上的差异；d_{xy} 为像素点间在空间位置上的欧氏距离；D_{ij} 为由 d_{lab} 和 d_{xy} 经过一系列的加权运算得到的像素点间的相似度；S 为种子点的距离；m 为用来衡量色彩值与空间信息在相似度计算中的约束，一般情况下 $m \in [1, 20]$。该步骤是一个迭代的过程，重复以上步骤，直到算法收敛为止。需要注意的是，一般情况下，遍历的范围是一个大小为 $2S$ 像素×$2S$ 像素的方形区域。

步骤 4：重新计算聚类中心，将以上步骤不断迭代，直到误差在可接受的范围内。

步骤 5：增强连通性。若分割结果中出现不连续的或者尺寸过小的区域，则需要将这些区域重新分配给与其相邻的超像素块。

谱聚类算法的关键步骤是相似性矩阵构造，其一般是由图像中若干个像素点之间的相似度构成的。彩色图像中计算两个像素点间的相似性，一般情况下，需要使用图像的颜色特征，而图像处理中所使用的颜色空间，在一定程度上会影响图像最终的分割效果。基于获得的图像超像素区域，本节采用 RGB 特征作为彩色空间特征，对获得的超像素区域进行特征提取。具体来说，找到每个超像素块的中心位置，以超像素的中心作为矩形的中心，提取其周围一个大小为 3 像素×3 像素的区域，计算矩形区域内像素点的 RGB 特征。选择不同的距离度量公式来构造相似性矩阵对最终的图像分割结果也有着很明显的影响。欧氏距离由于其易于理解性和可操作性成为最传统的距离衡量方法之一，它可以很好地体现数值特征之间的差异性。

图 2-18 给出了基于超像素区域的相似性构造策略。从超像素图像中任意选取两个像素块，在每个超像素块中提取一个 3 像素×3 像素的矩形区域 A 和 B，则每个超像素块中含有 9 个像素点，利用欧氏距离构造两个区域的相似度，必须确

保矩形区域能够很好地落在每个超像素区域中，只有这样才能确保每个矩形区域可以代表整个超像素区域的特征，这两个矩形区域的相似度计算公式为

$$S_{ij} = e^{-\frac{(a_i-a_j)^2+(b_i-b_j)^2+\cdots+(i_i-i_j)^2}{2\partial^2}} \qquad (2\text{-}39)$$

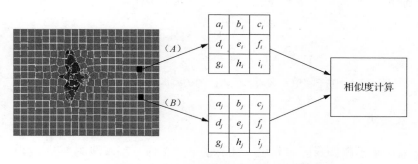

图 2-18　基于超像素区域的相似性构造策略

2.4.2　隔点采样 Nyström 算法

Nyström 算法是传统谱聚类算法的一种近似求解方法，首先采用随机采样的策略构造采样点与采样点间的相似性和采样点与非采样点间的相似性，其次利用已知的相似性来估计非采样点样本间的相似性，最后构造总的样本点的相似性矩阵。该算法的具体内容已经在 2.1.3 小节中进行了详细介绍。通常情况下，Nyström 谱聚类算法的性能与样本点的选取有很大关系。一般情况下抽样数目越多，Nyström 逼近的效果越好，得到的计算结果与真实值的差别也越小。但是大量的抽样也存在很明显的缺陷：一方面是因为没有抽样停止的条件，使算法无休止地抽样是不可能实现的；另一方面，随着抽样数目的不断增加，必然会导致算法的复杂度增加，影响算法的效率。

因此，本小节设计了隔点采样方法，它较传统的随机采样法的优势是①增加了算法的稳定性：采样的随机性势必会造成算法的不稳定性，影响最终的图像分割结果，采用隔点采样，可以使每次实验都提取出固定的采样点，使最终的图像分割结果更稳定；②易于人为调节：人们可以通过调节采样点的间隔来调整采样点的个数和疏密度；③采样点更均匀：更易于采集到对图像分割有用的样本点，隔点采样能够尽可能均匀地选取样本点，可以很好地提高图像分割的精准度。

基于 2.4.1 小节获得的图像超像素区域提取方法，每一个超像素块都有各自的标签，利用这些标签来选取样本点，隔点采样的间隔 m 是可以人为设定的。原则上，m 应该大于等于 1。图 2-19 给出了基于超像素区域彩色特征的谱聚类图像分割算法框架示意图。

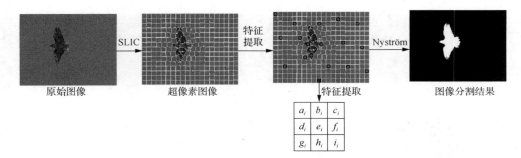

图 2-19　基于超像素区域彩色特征的谱聚类图像分割算法框架示意图

2.4.3　算法步骤

下面对基于超像素区域彩色特征的谱聚类图像分割算法的主要步骤进行详细介绍。

输入：待分割的彩色图像 I、超像素的尺寸 t、规则系数 s、窗口大小 w、采样间隔 m、最终的分类数目 n。

步骤 1：输入彩色图像，利用 SLIC 超像素算法将输入的图像进行预处理，得到 N 个超像素区域，提取出以每个超像素区域中心点为原点的一个 w 像素×w 像素的区域，读出区域的 RGB 值作为区域的代表特征。

步骤 2：隔 m 个间隔提取出采样点，未提取的则为未采样点。

步骤 3：根据 Nyström 逼近算法构造相似性矩阵 W，并构造拉普拉斯矩阵 L。

步骤 4：计算矩阵 L 的 n 个最大特征值并得到对应的特征向量。

步骤 5：将数据点映射到基于 n 个特征向量确定的地位向量空间中，用 KM 聚类算法或其他聚类算法将其聚为 n 类，得到超像素区域的划分。

步骤 6：根据超像素区域的划分结果得到输入图像最终的分割结果。

输出：图像的分割结果。

2.4.4　实验结果与讨论

为了验证 SC_SR 算法在分割精度和时间上的优势，本节选取 FCM 算法和 Nyström 算法作为对比算法，实验图像来自 PASCAL VOC 图像库（选取了两幅图像#2009_001466 和#2009_005130）与 Berkeley 图像库（选取了图像#238011）。在 Nyström 算法中，随机选取了 0.1%的点作为采样点，对比实验中用到的预处理图像都是利用 SLIC 算法得到的相同的超像素图像，在基于超像素的 Nyström 算法中的随机采样的样本点数目和本小节算法中隔点采样的总的样本点数目是相同的，区域特征提取选取的是 3 像素×3 像素的方形区域。图 2-20～图 2-22 分别给出了图像#2009_001466、#2009_005130 和#238011 的原始图像、超像素图像和三种对比算法的图像分割结果。

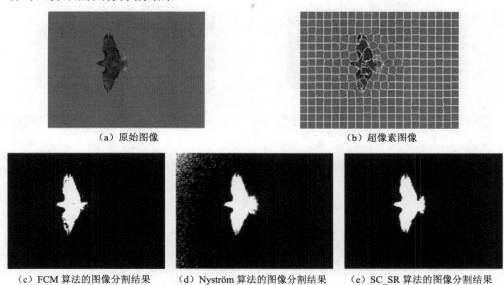

（a）原始图像　　　　　　　　　　　　　　　（b）超像素图像

（c）FCM 算法的图像分割结果　　（d）Nyström 算法的图像分割结果　　（e）SC_SR 算法的图像分割结果

图 2-20　#2009_001466 的原始图像、超像素图像和三种对比算法的图像分割结果

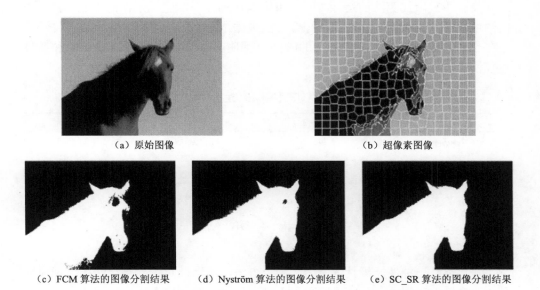

（a）原始图像　　　　　　　　　　　　　　　（b）超像素图像

（c）FCM 算法的图像分割结果　　（d）Nyström 算法的图像分割结果　　（e）SC_SR 算法的图像分割结果

图 2-21　#2009_005130 的原始图像、超像素图像和三种对比算法的图像分割结果

（a）原始图像

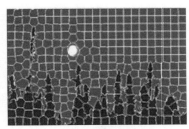
（b）超像素图像

（c）FCM 算法的图像分割结果

（d）Nyström 算法的图像分割结果

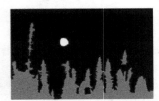
（e）SC_SR 算法的图像分割结果

图 2-22　#238011 的原始图像、超像素图像和三种对比算法的图像分割结果

　　从分割结果可以看出，SC_SR 算法在分割结果上取得了很好的分割效果。此外，为了对比各个方法的运行时间，在表 2-1 中给出了三种算法的运行时间对比，表中所列的结果是十次实验的平均值。尽管引入了超像素预处理，但是 SC_SR 算法并没有明显增加算法的运行时间。由于 Nyström 算法随机采样的不稳定性，不同图像表现出的时间差异较大。综合分割视觉结果和运行时间，SC_SR 算法不管是在分割效果，还是在图像分割的时间上都明显优于传统的 FCM 算法和谱聚类算法。

表 2-1　三种算法的运行时间　　　　　　　　（单位：s）

方法	#2009_001466	#2009_005130	#238011
Nyström	5.7421	6.3519	23.6012
FCM	2.5904	2.6252	2.0564
SC_SR	2.5343	2.8822	2.8046

2.5　本　章　小　结

　　谱聚类是一种性能极具竞争力的聚类方法，本章针对谱聚类算法在大规模数据分类时的不适用性，介绍了一种用于谱聚类算法的分层数据约简框架，提出了两种数据约简谱聚类方法，解决谱聚类求解大规模数据分类问题的不适用性，并在新方法中引入了流形距离测度来构造相似性矩阵，使新算法可以有效处理具有复杂结构的数据。Brodatz 纹理图像聚类、纹理图像分割和合成孔径雷达图像分割的仿真实验表明了新算法的良好聚类性能。此外，针对传统的 Nyström 谱聚类算法中存在的计算复杂度高、特征选择单一和算法不稳定问题进行改进，提出了一种基于区域彩色特征的谱聚类图像分割算法。实验结果表明，这种算法不管是在图像的分割效果上，还是在分割速率上都取得了不错的结果。

参 考 文 献

[1] COJA-OGHLAN A. Graph partitioning via adaptive spectral techniques[J]. Combinatorics, Probability and Computing, 2010, 19(2): 227-284.

[2] 白璐, 赵鑫, 孔钰婷, 等. 谱聚类算法研究综述[J]. 计算机工程与应用, 2021, 57(14): 15-26.

[3] GU M, ZHA H, DING C, et al. Spectral relaxation models and structure analysis for k-way graph clustering and bi-clustering[R]. Penn State University Technology Report, CSE-01-007, 2001.

[4] 李倩, 李诗瑾, 徐桂琼. 基于谱聚类与多因子融合的协同过滤推荐算法[J]. 计算机应用研究, 2017, 34(10): 2905-2908.

[5] HAGEN L. KAHNG A B. New spectral methods for ratio cut partitioning and clustering[J]. IEEE Transactions on Computer-Aided Design, 1992, 11(9): 1074-1085.

[6] 梁卓灵, 元昌安, 覃晓, 等. 基于改进谱聚类的热点区域挖掘方法[J]. 重庆理工大学学报(自然科学), 2021, 35(1): 129-137.

[7] CAI Y, JIAO Y, ZHUGE W, et al. Partial multi-view spectral clustering[J]. Neurocomputing, 2018, 311: 316-324.

[8] 张熠玲, 杨燕, 周威, 等. CMvSC: 知识迁移下的深度一致性多视图谱聚类网络[J]. 软件学报, 2022, 33(4): 1373-1389.

[9] SHI J, MALIK J. Normalized cuts and image segmentation[J]. IEEE Transactions on Pattern Analysis and Machine Intelligence, 2000, 22(8): 888-905.

[10] 李玉, 袁永华, 赵雪梅. 可变类谱聚类遥感影像分割[J]. 电子学报, 2018, 46(12): 3021-3028.

[11] 李军军, 曹建农, 廖娟, 等. 多尺度对象高空间分辨率遥感影像谱聚类分割[J]. 测绘科学, 2019, 44(10): 136-144.

[12] NG A Y, JORDAN M I, WEISS Y. On spectral clustering: Analysis and an algorithm[C]. Proceedings of the 14th International Conference on Neural Information Processing Systems: Natural and Synthetic, Vancouver, Canada, 2001: 849-856.

[13] ZELNIK-MANOR L, PERONA P. Self-tuning spectral clustering[C]. Eighteenth Neural Information Processing Systems, Vancouver, Canada, 2004: 1601-1608.

[14] CHAPELLE O, ZIEN A. Semi-supervised classification by low density separation[C]. Proceedings of the Tenth International Workshop on Artificial Intelligence and Statistics, Bridgetown, Barbados, 2005: 57-64.

[15] TENENBAUM J B, DE SILVA V, LANGFORD J C. A global geometric framework for nonlinear dimensionality reduction[J]. Science, 2000, 260: 2319-2323.

[16] 王玲, 薄列峰, 焦李成. 密度敏感的谱聚类[J]. 电子学报, 2007, 35(8): 1577-1581.

[17] HU Z X, NIE F P, CHANG W, et al. Multi-view spectral clustering via sparse graph learning[J]. Neurocomputing, 2020, 384: 1-10.

[18] WU M, SCHÖLKOPF B. A local learning approach for clustering[C]. Proceedings of the 19th International Conference on Neural Information Processing Systems, Vancouver, Canada, 2006: 1529-1536.

[19] WU Z, LEAHY R. An optimal graph theoretic approach to data clustering: Theory and its application to image segmentation[J]. IEEE Transactions on Pattern Analysis and Machine Intelligence, 1993, 15(11): 1101-1113.

[20] DING C, HE X, ZHA H, et al. A min-max cut algorithm for graph partitioning and data clustering[C]. Proceedings 2001 IEEE International Conference on Data Mining, San Jose, USA, 2001: 107-114.

[21] ALPERT C, KAHNG A, YAO S. Spectral partitioning: The more eigenvectors, the better[J]. Discrete Applied Math, 1999, 90: 3-26.

[22] WEISS Y. Segmentation using eigenvectors: A unifying view[C]. Proceedings of International Conference on Computer Vision, Kerkira, Greece, 1999: 975-982.

[23] CHAN P K, SCHLAG M, ZIEN J Y. Spectral k-way ratio-cut partitioning and clustering[J]. IEEE Transactions on CAD-Integrated Circuits and Systems, 1994, 13: 1088-1096.

[24] MEILA M, XU M. Multiway cuts and spectral clustering[R]. University of Washington Technology Report, 2003.

[25] FILIPPONE M, CAMASTRA F, MASULLI F, et al. A survey of kernel and spectral methods for clustering[J]. Pattern Recognition, 2008, 41: 176-190.

[26] FOWLKES C, BELONGIE S, CHUNG F, et al. Spectral grouping using the Nyström method[J]. IEEE Transactions on Pattern Analysis and Machine Intelligence, 2004, 26(2): 214-225.

[27] NYSTRÖM E J. Über die praktische auflösung von linearen integralgleichungen mit anwendungen auf randwertaufgaben der potentialtheorie[J]. Commentationes Physico-Mathematicae, 1928, 4(15): 1-52.

[28] BAKER C T H. The numerical treatment of integral equation[J]. Mathematics of Computation, 1977, 15(76): 323-337.

[29] PRESS W H, TEUKOLSKY S A, VETTERLING W T, et al. Numerical Recipes in C[M]. Cambridge: Cambridge University Press, 1992.

[30] 公茂果, 焦李成, 马文萍, 等. 基于流形距离的人工免疫无监督分类与识别算法[J]. 自动化学报, 2008, 34(3): 367-375.

[31] 叶施仁. 海量数据约简与分类研究[D]. 北京: 中国科学院研究生院（计算技术研究所）, 2001.

[32] CHARU C A. An efficient subspace sampling framework for high-dimensional data reduction, selectivity estimation, and nearest-neighbor search[J]. IEEE Transactions on Knowledge and Data Engineering, 2004, 16(10): 1247-1262.

[33] 翟俊海. 数据约简[M]. 北京: 科学出版社, 2015.

[34] PRESCHER C, PRAKAPENKA V B. DIOPTAS: A program for reduction of two-dimensional X-ray diffraction data and data exploration[J]. High Pressure Research, 2015, 35(3): 223-230.

[35] LI J, ZHU Q, WU Q. A parameter-free hybrid instance selection algorithm based on local sets with natural neighbors[J]. Applied Intelligence, 2020, 50: 1527-1541.

[36] LIU H, MOTODA H. Instance Selection and Construction for Data Mining[M]. Boston: Springer, 2001.

[37] MEGAINDUCTION C J. Machine learning on very large databases[D]. Sydney: University of Sydney, 1991.

[38] 张春阳, 周继恩, 钱权, 等. 抽样在数据挖掘中的应用研究[J]. 计算机科学, 2004, 31(2): 126-128.

[39] 姜文瀚. 模式识别中的样本选择研究及其应用[D]. 南京: 南京理工大学, 2008.

[40] LIU H Q, JIAO L C, ZHAO F. Local manifold spectral clustering with FCM data condensation[C]. International Symposium on Multispectral Image Processing and Pattern Recognition, Yichang, China, 2009, 7496: 74961Y.

[41] MITRA P, MURTHY C A, PAL S K. Density-based multiscale data condensation[J]. IEEE Transactions on Pattern Analysis and Machine Intelligence, 2002, 24(6): 734-747.

[42] NG W W Y, YEUNG D S, CLOETE I. Input sample selection for RBF neural network classification problems using sensitivity measure[C]. IEEE International Conference on Systems, Man, and Cybernetics, Washington D. C., USA, 2003: 2593-2598.

[43] DUNN J C. A fuzzy relative of the ISODATA process and its use in detecting compact well separated cluster[J]. Journal of Cybernetics, 1974, 3: 32-57.

[44] BEZDEK J C. Cluster validity with fuzzy sets[J]. Cybernetics and Systems, 1974, 3(3): 58-73.

[45] BRODATZ P. Textures: A Photographic Album for Artists and Designers[M]. New York: Dover Publications, 1999.

[46] PESQUET J C, KRIM H. Time-invariant orthonormal wavelet representation[J]. IEEE Transactions on Signal Processing, 1996, 44(8): 1964-1970.

[47]　ESTER M, KRIEGEL H P, SANDER J, et al. A density-based algorithm for discovering clusters in large spatial databases[C]. Proceedings of 1996 International Conference on Knowledge Discovery and Data Mining, Portland, USA, 1996: 226-231.

[48]　WEBB A R. 统计模式识别[M]. 王萍, 杨培龙, 罗颖昕, 译. 北京: 电子工业出版社, 2004.

[49]　LIU H Q, JIAO L C, ZHAO F. Unsupervised texture image segmentation using multilayer data condensation spectral clustering[J]. Journal of Electronic Imaging, 2010, 19: 031203.

[50]　DIJKSTRA E W. A note on two problems in connection with graphs[J]. Numerical Mathematics, 1959, 1: 269-271.

[51]　ZHAO J, LIU H Q. Color image segmentation based on superpixel and improved Nyström algorithm[C]. Proceedings of the 4th International Conference on Quantitative Logic and Soft Computing, Hangzhou, China, 2016: 607-615.

[52]　刘汉强, 赵静. 基于半监督的超像素谱聚类彩色图像分割算法[J]. 计算机工程与应用, 2018, 54(14): 186-223.

[53]　王春瑶, 陈俊周, 李炜. 超像素分割算法研究综述[J]. 计算机应用研究, 2014, 31(1): 6-12.

第3章　非局部空间谱聚类图像分割算法

　　图像分割是由图像处理进入图像分析和理解的关键步骤，然而图像在成像、传输和接收等过程中由于传输介质和接收设备的限制，难免受到各种各样噪声的污染[1,2]，进而图像分割变得比较困难。此外，图像的亮度和对比度都会在构造像素间相似性矩阵过程中产生不利的影响。为了去除图像中噪声对传统分割算法的影响，许多学者提出了一些利用图像的空间信息指导图像分割的算法[3-7]。该类算法大多数是在原有算法基础上，通过计算像素点的邻域空间信息为该聚类算法定义了一个新的目标函数，以达到分割图像的同时抑制图像中噪声影响的目的。这里以结合局部空间信息的模糊聚类算法为例介绍这类分割算法的主要思想。

　　假设 $X=\{x_1,x_2,\cdots,x_n\}$ 表示一幅含有 n 个像素的被噪声污染的图像，为了克服 FCM 聚类算法对于图像噪声的敏感性，Ahmed 等[4]提出了 FCM_S 聚类算法。在 FCM_S 聚类算法中，作者通过引入了一个局部空间限制项到 FCM 聚类算法的目标函数中，将目标函数修改为

$$J_{\mathrm{FCM\_S}} = \sum_{i=1}^{c}\sum_{j=1}^{n}u_{ij}^{m}\left\|x_j-v_i\right\|^2 + \frac{\beta}{S_R}\sum_{i=1}^{c}\sum_{j=1}^{n}u_{ij}^{m}\sum_{p\in S_j}\left\|x_p-v_i\right\|^2 \tag{3-1}$$

式中，等号右端第一项为模糊 c 均值聚类算法的目标函数；第二项为空间限制项。在该空间限制项中，S_j 表示以像素 j 为中心的邻域窗内所有像素组成的集合；S_R 表示这个集合中元素的个数。利用拉格朗日乘子法最小化公式（3-1）中的目标函数，获得隶属度函数 u_{ij} 和聚类中心 v_i 的更新公式，具体如下所示：

$$u_{ij} = \cfrac{1}{\displaystyle\sum_{r=1}^{c}\left(\cfrac{\left\|x_j-v_i\right\|^2+\dfrac{\beta}{S_R}\displaystyle\sum_{p\in S_j}\left\|x_p-v_i\right\|^2}{\left\|x_j-v_r\right\|^2+\dfrac{\beta}{S_R}\displaystyle\sum_{p\in S_j}\left\|x_p-v_r\right\|^2}\right)^{1/(m-1)}} \tag{3-2}$$

$$v_i = \cfrac{\displaystyle\sum_{j=1}^{n}u_{ij}^{m}\left(x_j+\dfrac{\beta}{S_R}\displaystyle\sum_{p\in S_j}x_p\right)}{(1+\beta)\displaystyle\sum_{j=1}^{n}u_{ij}^{m}} \tag{3-3}$$

　　从公式（3-2）和公式（3-3）可以看出，在 FCM_S 聚类算法的每一次迭代中，像素邻域内的信息都需要重复计算，因此 FCM_S 聚类算法在运行时间上比传统的 FCM 聚类算法要慢。2004 年，Chen 等[3]对空间限制项中的 $(1/S_R)\sum_{p\in S_j}\left\|x_p-v_i\right\|^2$

进行了化简：

$$\frac{1}{S_R}\sum_{p\in S_j}\left\|x_p - v_i\right\|^2 = \frac{1}{S_R}\sum_{p\in S_j}\left\|x_p - \overline{x}_j\right\|^2 + \left\|\overline{x}_j - v_i\right\|^2 \tag{3-4}$$

式中，$\overline{x}_j$ 为像素 j 的邻域窗内像素灰度的均值。从公式（3-4）可以看出，等号右端的第一项是一个常数项，鉴于 $\overline{x}_j$ 可以提前计算，Chen 等提出用 $\left\|\overline{x}_j - v_i\right\|^2$ 来代替公式（3-1）中的 $(1/S_R)\sum_{p\in S_j}\left\|x_p - v_i\right\|^2$，降低了 FCM_S 聚类算法的计算复杂性。此外，Chen 等还提出可以通过利用像素邻域中的其他空间信息，即利用像素点固定窗内像素的灰度中值来代替 $\overline{x}_j$ 的策略，也取得了很好的分割性能。在本章中，将利用邻域窗内像素灰度的均值和中值的两个 FCM_S 聚类算法的改进算法，分别记为 FCM_S1 和 FCM_S2 算法。

为了进一步加强 FCM_S1 和 FCM_S2 算法对于图像噪声的鲁棒性，Chen 和 Zhang 引入核方法，把数据映射到高维空间，在该高维空间中利用像素的邻域空间信息抑制图像噪声对分割性能的影响，利用核诱导距离来代替欧氏距离，提出了 KFCM_S1 和 KFCM_S2 算法，具体内容可以参考文献[3]，这里就不再赘述。

3.1　非局部空间权核 k 均值

3.1.1　k 均值与权核 k 均值

经典的 k 均值聚类算法是通过最小化聚类目标函数实现的。假设 $X=\{x_1, x_2,\cdots, x_n\}$ 表示一幅具有 n 个像素的图像，x_i 表示第 i 个像素的灰度值，将 X 划分成 k 个聚类 $\pi_1,\pi_2,\cdots,\pi_k$ 的目标函数如下所示：

$$J_{\mathrm{KM}} = \sum_{c=1}^{k}\sum_{x_i\in\pi_c}\left\|x_i - v_c\right\|^2 \tag{3-5}$$

为了得到聚类 π_c 的中心 v_c 的更新公式，对公式（3-5）求导，并使得求导后的等式等于 0，得到 v_c 的具体形式：

$$v_c = \frac{\sum_{x_i\in\pi_c} x_i}{|\pi_c|} \tag{3-6}$$

式中，π_c 为第 c 个聚类。传统 k 均值聚类算法的缺点是只能采用超平面来划分聚类。根据核理论，在高维空间中，原空间线性不可分的数据分类问题可以变得线性可分[8-10]。为了解决线性不可分数据的聚类问题，研究人员提出了核 k 均值（kernel k-means, KKM）算法[11,12]，该算法首先使用映射函数把数据点映射到高维特征空间，然后采用 k 均值聚类算法在高维特征空间中进行聚类。

这里采用 $\Phi: x \in X \subseteq R^d \mapsto \phi(x) \in F \subseteq R^H$（$d \ll H$）表示一个从低维空间到高维空间 F 的非线性映射函数。核 k 均值算法的目标函数为

$$J_{KKM} = \sum_{c=1}^{k} \sum_{x_i \in \pi_c} \|\phi(x_i) - v_c\|^2 \tag{3-7}$$

式中，$v_c = \dfrac{\sum\limits_{x_i \in \pi_c} \phi(x_i)}{|\pi_c|}$ 为高维空间中第 c 类的中心。

在 k 均值算法和核 k 均值算法中，可以认为每个数据点对聚类的作用都是相同的，然而在真正的模式识别问题中，各个数据之间是有一定关系的，因此可以为每个数据点 x_i 赋一定的权值 w_i，将前面介绍的核 k 均值算法进一步扩展为权核 k 均值（weighted kernel k-means, WKKM）算法[13]，其目标函数如下所示：

$$J_{WKKM} = \sum_{c=1}^{k} \sum_{x_i \in \pi_c} w_i \|\phi(x_i) - v_c\|^2 \tag{3-8}$$

式中，$v_c = \dfrac{\sum\limits_{x_i \in \pi_c} w_i \phi(x_i)}{\sum\limits_{x_i \in \pi_c} w_i}$；每个数据点的权值 w_i 都是非负的。

3.1.2 结合非局部空间信息的权核 k 均值

传统的聚类算法用于图像分割时都不考虑图像中像素邻域的空间信息，使得算法容易受到图像中噪声的影响。为了解决这个问题，研究人员提出了用于图像分割的基于空间信息的聚类算法[3-6,14,15]，该类算法利用像素的邻域窗的灰度均值或中值作为空间信息来指导含噪图像分割。然而，当图像被噪声严重污染时，这些空间聚类算法也无法获得满意的分割结果。对于图像中的每一个像素，在图像中往往存在一些像素与它具有相似的邻域结构[16-19]。因此，可以考虑利用这些像素的权平均来计算该像素的空间信息（称之为非局部空间信息）。在本节内容中，利用非局部空间信息 $\overline{x}_i$ 构造了一个空间限制项 $\alpha \sum\limits_{x_i \in \pi_c} w_i \|\phi(\overline{x}_i) - v_c\|^2$，并引入到权核 k 均值算法的目标函数中，设计结合非局部空间信息的权核 k 均值（weighted kernel k-means based on nonlocal spatial information, WKKM_NLS）目标函数，具体形式如下所示：

$$J_{WKKM\_NLS} = \sum_{c=1}^{k} \sum_{x_i \in \pi_c} w_i \|\phi(x_i) - v_c\|^2 + \alpha \sum_{c=1}^{k} \sum_{x_i \in \pi_c} w_i \|\phi(\overline{x}_i) - v_c\|^2 \tag{3-9}$$

式中，α 为控制非局部空间限制项作用的参数；$\overline{x}_i$ 为像素 i 的非局部空间信息，

其具体定义为

$$\overline{x}_i = \sum_{j \in M_R^i} \eta_{ij} x_j \tag{3-10}$$

式中，M_R^i 表示以像素 i 为中心的 R 像素×R 像素大小的搜索窗；权值 η_{ij}（$0 \leqslant \eta_{ij} \leqslant 1$，$\sum_{j \in M_R^i} \eta_{ij} = 1$）的大小依赖于像素 i 和像素 j 之间的相似性。该相似性被定义为一个权欧氏距离 $\left\| x(N_i) - x(N_j) \right\|_{2,\beta}^2$ 的函数，其中 β 是高斯函数的标准差。因此，与像素 i 具有相似邻域结构 N_i 的像素会具有较大的权值。这些权值定义为如下形式：

$$\eta_{ij} = \frac{1}{G_i} \exp\left(-\frac{\left\| x(N_i) - x(N_j) \right\|_{2,\beta}^2}{h} \right) \tag{3-11}$$

式中，h 是影响滤波程度的参数；G_i 是归一化常数，定义如下：

$$G_i = \sum_j \exp\left(-\frac{\left\| x(N_i) - x(N_j) \right\|_{2,\beta}^2}{h} \right) \tag{3-12}$$

式中，N_i 和 N_j 分别表示以像素 i 和 j 为中心的 L 像素×L 像素大小的相似窗。

　　以添加了均值为 0、方差为 0.005 的高斯噪声的 Lena 图为例，图 3-1 对图像像素 j 的非局部结构进行展示。对于像素 j，像素 p_1、p_2 和 p_3 分别表示像素 j 搜索窗内的三个像素点。从图中可以看出，像素 p_1 和 p_2 与像素 j 具有相似的邻域结构，因此，权值 η_{jp_1} 和 η_{jp_2} 比较大。

图 3-1　图像像素 j 的非局部结构展示

另外，虽然像素 p_3 与像素 j 的灰度值非常接近，但它们的相似窗不相似，所以它们之间的权值 η_{jp_3} 就比较小。从上面的叙述可以发现，非局部空间信息利用了搜索窗内各个像素的局部邻域结构，与当前像素具有相似邻域结构的像素发挥较大的作用，与当前像素具有不同邻域结构的像素发挥较小的作用。因此，非局部空间信息更加充分挖掘了图像中的空间结构信息，比局部空间信息更加有效。

对结合非局部空间信息的权核 k 均值的目标函数 $J_{\text{WKKM\_NLS}}$ 求关于 v_c 的偏导数，并设它为零，可以得到

$$\frac{\partial J_{\text{WKKM\_NLS}}}{\partial v_c} = 0 \Leftrightarrow 2\sum_{x_i \in \pi_c} w_i(\phi(x_i) - v_c) + 2\alpha \sum_{x_i \in \pi_c} w_i(\phi(\overline{x_i}) - v_c) = 0$$

根据上式，聚类中心 v_c 的计算公式为

$$v_c = \frac{\sum\limits_{x_i \in \pi_c} w_i(\phi(x_i) + \alpha\phi(\overline{x_i}))}{(1+\alpha)\sum\limits_{x_i \in \pi_c} w_i} \tag{3-13}$$

3.2　基于非局部空间信息的谱聚类图像分割算法

谱聚类算法是利用样本之间相似关系图进行聚类的，当该算法用于图像分割时，像素间的相似性矩阵的优劣对算法性能有一定的影响。假设 $G = \{g_1, g_2, \cdots, g_n\}$ 表示图像 I 的 n 个像素对应的灰度值，最常用的计算像素间相似关系的公式为

$$S_{ij} = \mathrm{e}^{\frac{-\|g_i - g_j\|_2^2}{\sigma_G^2}} \cdot \mathrm{e}^{\frac{-\|I_i - I_j\|_2^2}{\sigma_I^2}} \tag{3-14}$$

式中，g_i 表示第 i 个像素的灰度值；I_i 表示该像素的空间位置；σ_G 表示关于灰度的尺度参数；σ_I 表示空间位置的尺度参数。尺度参数的主要作用是放大与收缩两个点之间距离，一般情况下需要人为指定，它们选取的合适与否极大地影响了最终的聚类结果。此外，如果对大小为 256 像素×256 像素的图像构造像素之间的相似性，需要 65536 像素×65536 像素大小的矩阵来存储像素间的相似性值。因此需要一定的稀疏策略来减少像素间相似性矩阵的存储或者采用逼近算法来对谱聚类进行求解。

得到像素间的相似性矩阵之后，原始的图像像素聚类问题就可以看成是一个图划分问题，即将图像中的像素点看成是图的顶点，顶点间边的权值等于求得的像素间相似性值。假设得到的图为 $G = (V, E, S)$，V 是图中顶点的集合，E 是两个顶点之间边的集合，相似性矩阵 S 中的每一个成分 S_{ij} 表示的是两个顶点（x_i, x_j）之间的边的权值，体现了两个顶点之间的相似性程度，如果两个顶点之间没有边相连，则 $S_{ij}=0$。迄今为止，研究人员已经提出了很多图谱划分准则[20-22]，具体定

义已经在 2.2.2 小节中给出。

在本节中，主要以规范切准则为基础，通过分析该准则与 WKKM_NLS 之间的等价性，提出了非局部空间的谱聚类图像分割算法。这里，首先给出规范切准则的具体定义：

$$\text{NCut}(G) = \min_{V_1, \cdots, V_k} \sum_{c=1}^{k} \frac{\text{cut}(V_c, V \setminus V_c)}{\text{assoc}(V_c, V)} \tag{3-15}$$

式中，$V \setminus V_c$ 为集合 V 中去除 V_c 后剩余的集合；$\text{cut}(V_i, V_j)$ 为集合 V_i 和 V_j 内结点间的权值之和，$\text{cut}(V_i, V_j) = \sum_{i \in V_i, j \in V_j} S_{ij}$；$\text{assoc}(V_c, V) = \sum_{i \in V_c, j \in V} S_{ij}$ 为 V_c 中的结点与图中所有结点之间的权值之和。根据 cut 和 assoc 的定义可知 $\text{cut}(V_c, V \setminus V_c) = \text{assoc}(V_c, V) - \text{cut}(V_c, V_c)$，所以规范切准则等价于：

$$\min_{V_1, \cdots, V_k} \sum_{c=1}^{k} \frac{\text{cut}(V_c, V \setminus V_c)}{\text{assoc}(V_c, V)} = \max_{V_1, \cdots, V_k} \sum_{c=1}^{k} \frac{\text{cut}(V_c, V_c)}{\text{assoc}(V_c, V)} \tag{3-16}$$

为了优化规范切准则，研究人员提出了一种基于图谱理论[23]的离散逼近算法，即利用数据的相似性矩阵的特征向量实现数据聚类，谱聚类算法也是因此而得名的。实际上，谱聚类算法就是把原始数据映射到某几个特征向量张成的子空间上，在该空间内，数据点可以形成紧致的聚类，数据更容易划分。因此在新空间上表示的数据只需要采用传统的聚类算法（如 KM 聚类算法）就可以很容易划分开。

谱聚类算法和无监督核方法之间的等价性讨论受到了很多人的关注[24]，如核主成分分析（kernel principal components analysis, KPCA）和谱聚类算法[25]的等价性以及核 k 均值算法和谱聚类算法[13]的等价性。在 3.1.2 小节中已经给出了结合非局部空间信息的权核 k 均值算法（WKKM_NLS）的目标函数，下面利用 WKKM_NLS 算法的目标函数和规范切准则之间的等价性，介绍一种结合非局部空间信息的谱聚类图像分割算法。

3.2.1　谱聚类算法与 WKKM_NLS 算法之间的等价性

由于利用非局部空间信息定义了一个空间限制项，WKKM_NLS 算法可以获得令人满意的图像分割结果，尤其是在图像边缘上也会保留更多的细节信息。为了进一步提高谱聚类算法对噪声的鲁棒性，通过分析 WKKM_NLS 算法和谱聚类算法之间的等价性，把非局部空间信息引入到谱聚类算法中，提出了基于非局部空间信息的谱聚类（nonlocal spatial information spectral clustering, NL_SSC）算法[26]。在这一小节中，利用 WKKM_NLS 目标函数和规范切准则函数都可转化成矩阵迹的最大化形式，对这两个算法之间的等价性给出详细证明。

1. WKKM_NLS 矩阵迹的最大化形式

在 WKKM_NLS 算法中，s_c 表示聚类 π_c 中数据点的权值之和，即 $s_c = \sum\limits_{x_i \in \pi_c} w_i$。

定义一个 $n \times k$ 的矩阵 $Z = \{z_{ic}\}$，形式如下：

$$z_{ic} = \begin{cases} s_c^{-1/2}, & \text{如果 } x_i \in \pi_c \\ 0, & \text{否则} \end{cases} \tag{3-17}$$

显然，Z 的各列之间相互正交。设 Φ 和 Ψ 分别表示由 $\phi(x_i)$ 和 $\phi(\bar{x}_i)$ 作为列向量构成的矩阵。W 是以权值作为对角元素构成的对角矩阵。从公式（3-13）可知，矩阵 $\dfrac{(\Phi + \alpha\Psi)WZZ^{\mathrm{T}}}{1+\alpha}$ 就是数据在高维特征空间的聚类中心，进而可以得到如下的目标函数：

$$J_{\mathrm{WKKM\_NLS}} = \sum_{x_i \in \pi_c} w_i \left\| \Phi_{\cdot i} - \left(\frac{(\Phi + \alpha\Psi)WZZ^{\mathrm{T}}}{1+\alpha} \right)_{\cdot i} \right\|^2 + \alpha \sum_{x_i \in \pi_c} w_i \left\| \Psi_{\cdot i} - \left(\frac{(\Phi + \alpha\Psi)WZZ^{\mathrm{T}}}{1+\alpha} \right)_{\cdot i} \right\|^2 \tag{3-18}$$

式中，$\Psi_{\cdot i}$ 表示矩阵 Ψ 的第 i 列。引入一个矩阵 $Y = W^{1/2}Z$，该矩阵是一个正交矩阵（$Y^{\mathrm{T}}Y = I_k$），那么公式（3-18）就可以修改为

$$
\begin{aligned}
J_{\mathrm{WKKM\_NLS}} &= \sum_{x_i \in \pi_c} w_i \left\| \Phi_{\cdot i} - \left(\frac{(\Phi + \alpha\Psi)}{1+\alpha} W^{1/2}YY^{\mathrm{T}}W^{-1/2} \right)_{\cdot i} \right\|^2 \\
&\quad + \alpha \sum_{x_i \in \pi_c} w_i \left\| \Psi_{\cdot i} - \left(\frac{(\Phi + \alpha\Psi)}{1+\alpha} W^{1/2}YY^{\mathrm{T}}W^{-1/2} \right)_{\cdot i} \right\|^2 \\
&= \left\| \Phi W^{1/2} - \frac{(\Phi + \alpha\Psi)}{1+\alpha} W^{1/2}YY^{\mathrm{T}} \right\|_F^2 + \alpha \left\| \Psi W^{1/2} - \frac{(\Phi + \alpha\Psi)}{1+\alpha} W^{1/2}YY^{\mathrm{T}} \right\|_F^2
\end{aligned} \tag{3-19}
$$

式中，$\|A\|_F^2$ 表示矩阵 A 的 F 范数，满足 $\|A\|_F^2 = \mathrm{tr}(AA^{\mathrm{T}})$。此外，根据下面给出的矩阵迹的一些特性：

$$\mathrm{tr}(AB) = \mathrm{tr}(BA), \quad \mathrm{tr}(A+B) = \mathrm{tr}(B+A) \tag{3-20}$$

上述的目标函数（公式（3-19））可以写成如下矩阵的迹的形式：

$$
\begin{aligned}
J_{\mathrm{WKKM\_NLS}} = \mathrm{tr}\Bigg(&W^{1/2}\Phi^{\mathrm{T}}\Phi W^{1/2} + W^{1/2}\Psi^{\mathrm{T}}\Psi W^{1/2} - \frac{Y^{\mathrm{T}}W^{1/2}\Phi^{\mathrm{T}}\Phi W^{1/2}Y}{1+\alpha} \\
&- \frac{\alpha Y^{\mathrm{T}}W^{1/2}\Phi^{\mathrm{T}}\Psi W^{1/2}Y}{1+\alpha} - \frac{\alpha Y^{\mathrm{T}}W^{1/2}\Psi^{\mathrm{T}}\Phi W^{1/2}Y}{1+\alpha} - \frac{\alpha^2 Y^{\mathrm{T}}W^{1/2}\Psi^{\mathrm{T}}\Psi W^{1/2}Y}{1+\alpha} \Bigg)
\end{aligned} \tag{3-21}
$$

可以发现，$\mathrm{tr}(W^{1/2}\Phi^{\mathrm{T}}\Phi W^{1/2})$ 和 $\mathrm{tr}(W^{1/2}\Psi^{\mathrm{T}}\Psi W^{1/2})$ 都是常数。因此，基于非局部空间

信息的权核 k 均值目标函数的最小化问题等价于下式的最大化问题：

$$J_{\text{WKKM\_NLS}} = \text{tr}(Y^{\text{T}}W^{1/2}(\boldsymbol{\Phi}^{\text{T}}\boldsymbol{\Phi} + \alpha(\boldsymbol{\Phi}^{\text{T}}\boldsymbol{\Psi} + \boldsymbol{\Psi}^{\text{T}}\boldsymbol{\Phi}) + \alpha^2\boldsymbol{\Psi}^{\text{T}}\boldsymbol{\Psi})W^{1/2}Y) \qquad (3\text{-}22)$$

根据公式（3-22），原始数据在高维空间的点积形式可以使用 Mercer 核（正定核）[9,27]的核函数来表示，具体形式如下：

$$K(a,b) = \phi(a) \cdot \phi(b) \qquad (3\text{-}23)$$

常用的 Mercer 核函数包括多项式核函数、高斯核函数和 Sigmoid 核函数等[28]。目前核函数的选择依据还没有定论，一般是凭经验来选取。在本章中，采用大家普遍使用的高斯核函数，其具体定义如下所示：

$$K(a,b) = \exp\left(-\frac{\|a-b\|^2}{2\sigma^2}\right) \qquad (3\text{-}24)$$

式中，K 是对称的，因此式（3-22）可以重新写为

$$J_{\text{WKKM\_NLS}} = \text{tr}(Y^{\text{T}}W^{1/2}(K^{\boldsymbol{\Phi}^{\text{T}}\boldsymbol{\Phi}} + \alpha(K^{\boldsymbol{\Phi}^{\text{T}}\boldsymbol{\Psi}} + K^{\boldsymbol{\Psi}^{\text{T}}\boldsymbol{\Phi}}) + \alpha^2 K^{\boldsymbol{\Psi}^{\text{T}}\boldsymbol{\Psi}})W^{1/2}Y) \qquad (3\text{-}25)$$

2. 规范切准则矩阵迹的最大化形式

与 WKKM_NLS 类似，规范切准则也可以表示成矩阵迹的最大化问题。公式（3-16）中已经给出了规范切准则目标函数可以写成一种最大化形式。引入指示向量 p_c，其满足当 $x_i \in \pi_c$ 时，$p_c(i)=1$，否则 $p_c(i)=0$。此时，公式（3-16）可以写为

$$\max_{V_1,\cdots,V_k} \sum_{c=1}^{k} \frac{p_c^{\text{T}}Sp_c}{p_c^{\text{T}}Dp_c} = \max_{V_1,\cdots,V_k} \sum_{c=1}^{k} \tilde{p}_c^{\text{T}}S\tilde{p}_c \qquad (3\text{-}26)$$

式中，$\tilde{p}_c = p_c(p_c^{\text{T}}Dp_c)^{-1/2}$。设 $Q = D^{1/2}\tilde{P}$，公式（3-26）可以化简成以下形式：

$$\max_{V_1,\cdots,V_k} \sum_{c=1}^{k} \tilde{p}_c^{\text{T}}S\tilde{p}_c = \max \text{tr}(Q^{\text{T}}D^{-1/2}SD^{-1/2}Q) \qquad (3\text{-}27)$$

3.2.2　结合非局部空间信息的规范化拉普拉斯矩阵

为了克服基于规范切准则的谱聚类算法对图像中噪声的敏感性，通过分析 3.2.1 小节中给出的 WKKM_NLS 和规范切准则目标函数的矩阵迹的最大化形式（如公式（3-25）和公式（3-27）所示），把基于非局部空间信息的权核 k 均值算法中的权矩阵 W 设置为规范切准则中的度矩阵。由于 $s_c = \sum_{x_i \in \pi_c} D_{ii} = p_c^{\text{T}}Dp_c$，如果 $x_i \in \pi_c$，则 $\tilde{P}_{ic} = (p_c(p_c^{\text{T}}Dp_c)^{-1/2})_{\cdot i} = s_c^{-1/2} = z_{ic}$。在这种情况下，很容易发现矩阵 Y 等价于 Q，把公式（3-27）中的 $D^{-1/2}SD^{-1/2}$ 用 $W^{1/2}(K^{\boldsymbol{\Phi}^{\text{T}}\boldsymbol{\Phi}} + \alpha(K^{\boldsymbol{\Phi}^{\text{T}}\boldsymbol{\Psi}} + K^{\boldsymbol{\Psi}^{\text{T}}\boldsymbol{\Phi}}) + \alpha^2 K^{\boldsymbol{\Psi}^{\text{T}}\boldsymbol{\Psi}})W^{1/2}$ 来代替。因此，构造了一个结合非局部空间信息的规范化拉普拉斯矩阵。当选择了一个合适的核函数 K，规范化拉普拉斯矩阵 $D^{-1/2}SD^{-1/2}$ 可以采用 $W^{1/2}AW^{1/2}$ 来表

示，权值 W_{ii} 非负，定义为 $\left(\sum_{j=1}^{n} A_{ij}\right)^{-1}$，$A_{ij}$ 的定义为

$$
\begin{aligned}
A_{ij} &= K_{ij}^{\Phi^{\mathrm{T}}\Phi} + \alpha(K_{ij}^{\Phi^{\mathrm{T}}\Psi} + K_{ij}^{\Psi^{\mathrm{T}}\Phi}) + \alpha^2 K_{ij}^{\Psi^{\mathrm{T}}\Psi} \\
&= K(x_i, x_j) + \alpha(K(x_i, \bar{x}_j) + K(\bar{x}_i, x_j)) + \alpha^2 K(\bar{x}_i, \bar{x}_j)
\end{aligned}
\tag{3-28}
$$

3.2.3　非局部空间谱聚类算法的 Nyström 实现及复杂度分析

　　作为一种解决图谱划分问题的谱方法，Ng-Jordan-Weiss（NJW）算法[29]构建数据的规范化拉普拉斯矩阵，通过求解该矩阵最大特征值对应的特征向量解决规范切[20]的优化问题。当图像中的像素数目过多时，计算任意两个像素点之间的相似性会使得数据的拉普拉斯矩阵过于庞大。因此，为了降低构建拉普拉斯矩阵的复杂度，引入了 Nyström 算法[30]来近似求解结合非局部空间信息的规范化拉普拉斯矩阵的特征值和特征向量。Nyström 算法是一种求解积分特征问题的数学逼近技术，已经被成功应用于求解规范化拉普拉斯矩阵 $D^{-1/2}SD^{-1/2}$ 的估计特征向量。非局部空间谱聚类算法的细节介绍如下。

　　输入：图像 I，非局部空间限制参数 h、α、R 和 L，高斯核函数的尺度参数 σ。

　　步骤 1：利用公式（3-10）计算得到像素的非局部空间信息。

　　步骤 2：按照公式（3-28）构建规范化拉普拉斯矩阵。

　　步骤 3：利用 Nyström 算法计算规范化拉普拉斯矩阵的估计特征值和特征向量。

　　步骤 4：设 $1 = \lambda_1 \geqslant \lambda_2 \geqslant \cdots \geqslant \lambda_k$ 表示规范化拉普拉斯矩阵的前 k 个最大的特征值，其对应的特征向量为 $v^1, v^2, \cdots, v^k$，采用这些特征向量构成矩阵 V，每一个特征向量作为 V 的每一列。

　　步骤 5：归一化 V 的行向量，得到矩阵 U，即 $U_{ij} = V_{ij} / \left(\sum_j V_{ij}^2\right)^{1/2}$。

　　步骤 6：将 U 的每一行看成新的数据空间中的一个点，使用随机初始化的 k 均值算法将其聚为 k 类，最终得到图像的分割结果。

　　下面对提出方法的复杂度进行分析，NL_SSC 方法的计算复杂度主要包括两部分，一部分是图像每个像素非局部空间信息的计算复杂度 $O(nR^2L^2)$，其中 n 为图像像素的数目，R 像素×R 像素为搜索窗的大小，L 像素×L 像素为方形邻域窗的大小；另一部分是 Nyström 近似求解规范化拉普拉斯矩阵的特征值和特征向量的复杂度 $O(m^3 + mn)$，m 为采样像素点的个数。因此，NL_SSC 方法的计算复杂度为 $O(nR^2L^2 + m^3 + mn)$。

3.3 实验结果与讨论

本节实验在合成图像和真实图像上验证 NL_SSC 算法的分割性能，采用
Nyström 算法[30]、自调节谱聚类（SSC）算法[31]和 NCut 算法[20]作为比较算法。这
四种算法都是采用 k 均值算法聚类前 k 个特征向量，k 均值算法的最大迭代次数都
是 100。由于 k 均值算法对于算法初始化非常敏感，对这四种算法都进行 10 次独
立实验，采用 10 次运行的平均分割准确率来评价各个算法的性能。分割准确率
（segmentation accuracy，SA）[4]是指正确分类的图像像素的数目与图像中总的像
素数目的比值，计算公式如下式所示：

$$\mathrm{SA}(I_{\mathrm{label}}, I_{\mathrm{test}}) = \sum_{i=1}^{k} \frac{\left| I_{\mathrm{label},i} \bigcap I_{\mathrm{test},i} \right|}{N} \tag{3-29}$$

式中，$I_{\mathrm{label},i}$ 是在实际分割结果图中被划分到第 i 类的像素集合；$I_{\mathrm{test},i}$ 是标准分割
结果图中被划分到第 i 类的像素集合；$\left| I_{\mathrm{label},i} \bigcap I_{\mathrm{test},i} \right|$ 是两个结果图中同属于第 i 类
的像素数目总和。通过表达式可以看出，被正确划分到标准类别的像素数目越大，
分割准确率的值越大，分割准确率范围是[0, 1]，用此指标进行评价时准确率值越
大，算法性能越优。

3.3.1 合成图像上的实验

图 3-2 给出了一幅合成图像及其含噪图像。图 3-2（a）为包含 128 像素×128
像素的合成图像，图中对应的灰度值分别为 50、130 和 210。在这幅合成图像上
添加各种类型的噪声来考察 NL_SSC 算法的各个参数的作用，并且与 Nyström
算法、SSC 算法和 NCut 算法进行性能对比。合成图像的三个不同的噪声图像在
图 3-2（b）～（d）中给出。

（a）合成图像　　　　　　　　　　　　（b）高斯含噪图

（c）椒盐含噪图　　　　　　　　　　（d）混合含噪图

图 3-2　合成图像及其含噪图像

1）NL_SSC 算法的参数分析

　　实际上，NL_SSC 算法有一些关键的参数需要设置。由于这些参数都是噪声依赖的，所以这些参数的选择对于 NL_SSC 算法的分割性能有一定的影响。

　　首先采用被高斯噪声（0, 0.02）污染的合成图像（图 3-2（b））来考察 NL_SSC 算法的参数对算法性能的影响。在 NL_SSC 算法中，分别设置搜索窗和相似窗的大小为 21 像素×21 像素和 7 像素×7 像素，即 $R=21$ 和 $L=7$。注意到，NL_SSC 算法的三个主要参数 α、h 和 σ 对于算法性能有很大的影响，其中，参数 α 用于控制空间限制的惩罚作用，参数 h 用于控制非局部均值策略中权值函数的衰减，参数 σ 是构建数据相似性矩阵的高斯核函数的尺度参数。如何设置这三个参数是研究学者一直关注的问题。首先在 $\sigma = 0.5$ 下考察参数 α 和 h 对于性能的影响，参数 α 的考察范围是 $[0.4, 0.8, \cdots, 10]$，参数 h 的考察范围是 $[5, 8, \cdots, 50]$，图 3-3 给出了 NL_SSC 算法的分割准确率随参数 α 和 h 变化的曲面。从图 3-3 可以看出，NL_SSC 算法的分割准确率随着参数 α 和 h 单调变化，且在 $\alpha > 4$ 和 $h > 23$ 以后变化平缓。

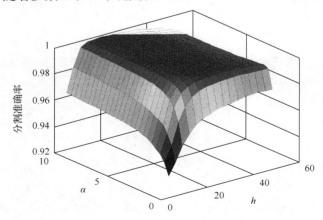

图 3-3　NL_SSC 算法的分割准确率随参数 α 和 h 变化的曲面

为了更加明显地展示 NL_SSC 算法随参数 α 和 h 变化的趋势，从图 3-3 中分别选择算法在 h=8、23、35 和 50 下的结果，在图 3-4 中给出 NL_SSC 算法的分割准确率随参数变化曲线。从图 3-4（a）可以看出，四个不同 h 值下的分割准确率曲线在 $\alpha = 4$ 后趋于平缓。从图 3-4（b）可以发现，在这个噪声水平下，NL_SSC 算法的分割准确率首先随着 h 的增大而提高，然后随着 h 的增大而缓慢下降，这个趋势在图 3-3 中也有所体现。因此，在下面的实验中，分别设置 $\alpha = 4$ 和 h=20。

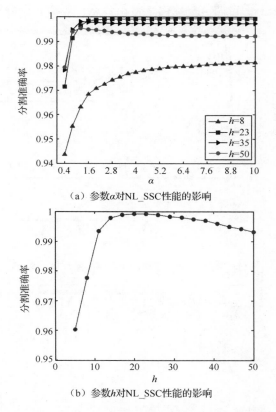

（a）参数 α 对 NL_SSC 性能的影响

（b）参数 h 对 NL_SSC 性能的影响

图 3-4　NL_SSC 算法的分割准确率随参数变化曲线

2）不同噪声类型的含噪合成图像上的分割对比实验

在下面的实验中，采用分别被高斯、椒盐和混合噪声污染的合成图像（图 3-2（b）～（d））来考察四种算法的性能。Nyström 算法、NCut 算法和 NL_SSC 算法都是采用高斯核函数构建相似性矩阵，使得算法的性能依赖于高斯核函数的尺度参数 σ 的选择。SSC 算法采用文献[31]给出的参数（k=7）来构造自调节尺度参数。

图 3-5～图 3-7 分别给出了这四种算法在三个噪声图像上的分割准确率的变化曲线，其中 Nyström 算法、NCut 算法和 NL_SSC 算法中 σ 的变化区间是[0.05, 1]，步长为 0.01。表 3-1 给出了所有 σ 下四种对比算法在含噪图上获得的最高分割准确率，表中对最优的分割准确率加粗表示。从这些结果可以发现，由于 NL_SSC 算法考虑图像像素的空间信息，它在三个噪声图像上的性能对于尺度参数 σ 的变化是鲁棒的；NCut 算法仅在少量几个 σ 取值下可以获得满意的分割结果，它在大多数参数下的性能是四种方法中最差的。值得指出的是，在被椒盐噪声污染的人造图像分割中，SSC 算法由于自调节参数构造得不合适，无法获得分割结果。

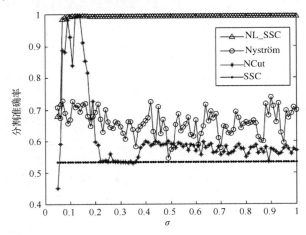

图 3-5　四种对比算法在高斯含噪图上的 SA 随尺度参数 σ 的变化曲线

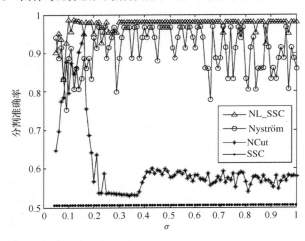

图 3-6　四种对比算法在椒盐含噪图上的 SA 随尺度参数 σ 的变化曲线

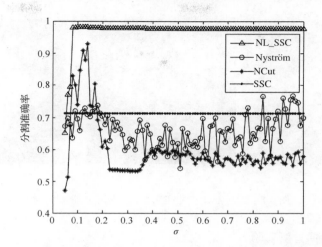

图 3-7　四种对比算法在混合含噪图上的 SA 随尺度参数 σ 的变化曲线

表 3-1　所有 σ 下四种对比算法在含噪图上获得的最高分割准确率

噪声类型	Nyström	SSC	NCut	NL_SSC
高斯噪声	0.7391	0.5325	0.9942	**0.9965**
椒盐噪声	0.9682	—	0.9481	**0.9842**
混合噪声	0.7678	0.7140	0.9285	**0.9870**

　　此外，为了展示四种对比算法在含噪合成图像上的视觉分割效果，图 3-8 给出了四种对比算法在高斯含噪图上的分割结果。由于受到噪声的影响，Nyström 算法无法获得满意的分割结果；NCut 算法在算法实现中利用了边缘检测和方向信息，该算法在参数 $\sigma=0.24$ 下获得了很好的图像边缘，然而当 $\sigma=0.14$ 时，分割效果并不理想。

　　从图 3-5～图 3-8 中的结果可以看出，在最优参数下的 NCut 算法和 NL_SSC 算法的典型分割结果都是令人满意的。NL_SSC 算法在不同尺度参数下的结果是比较稳定的，即该算法不容易受到尺度参数的影响。

（a）Nyström 算法（$\sigma=0.9$）　　　　　　　（b）NCut 算法（$\sigma=0.14$）

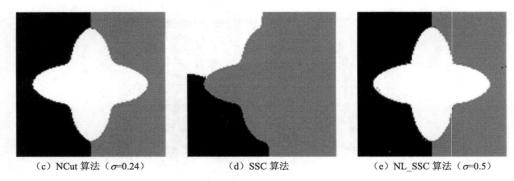

（c）NCut 算法（σ=0.24）   （d）SSC 算法   （e）NL_SSC 算法（σ=0.5）

图 3-8   四种对比算法在高斯含噪图上的分割结果

3.3.2   自然图像分割实验

为了进一步对比算法性能，图 3-9（a）和图 3-10（a）分别给出了两幅自然图像：Source 原图（265 像素×272 像素）和 House 原图（256 像素×256 像素），分别在这两幅自然图像上添加高斯噪声来验证四种算法的性能，图 3-9 和图 3-10 中分别给出了两幅自然图像的分割结果。

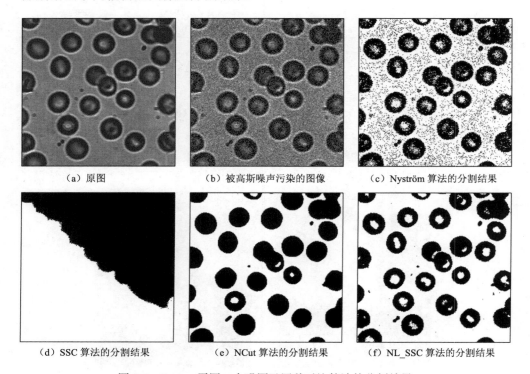

（a）原图   （b）被高斯噪声污染的图像   （c）Nyström 算法的分割结果

（d）SSC 算法的分割结果   （e）NCut 算法的分割结果   （f）NL_SSC 算法的分割结果

图 3-9   Source 原图、含噪图及四种对比算法的分割结果

（a）原图

（b）被高斯噪声污染的图像

（c）Nyström 算法的分割结果

（d）SSC 算法的分割结果

（e）NCut 算法的分割结果

（f）NL_SSC 算法的分割结果

图 3-10　House 原图、含噪图及四种对比算法的分割结果

Source 原图被人为添加均值为 0、方差为 0.015 的高斯噪声，如图 3-9（b）所示。图 3-9（c）～（f）分别给出了四种对比算法在含噪图像上的分割结果。从这些结果可以发现，NL_SSC 算法和 NCut 算法的性能要明显优于 Nyström 算法和 SSC 算法。然而，NCut 算法在图像的某些区域丢失了部分信息。相比之下，NL_SSC 算法的分割结果是比较令人满意的。

图 3-10（b）给出了 House 原图被人为添加均值为 0、方差为 0.005 的高斯噪声后的图像。图 3-10（c）～（f）分别给出了四种对比算法在含噪图像上的分割结果。从视觉效果上看，由于受到图像噪声和尺度参数的影响，Nyström 算法、SSC 算法和 NCut 算法的分割结果是很不理想的；NL_SSC 算法很好地去除了噪声的影响，取得了满意的分割结果。

3.3.3　MR 图像上的实验

本节进一步在两幅 MR 医学图像上考察四种对比算法的性能。众所周知，MR 图像容易受到莱斯噪声的污染，因此在两幅 MR 图像上添加噪声水平 $s=20$ 的莱斯噪声。图 3-11 和图 3-12 分别给出了两幅医学图像的原始图像、被莱斯噪声污染的 MR 图像及四种对比算法的分割结果。MR1 和 MR2 的大小分别为 170 像素×

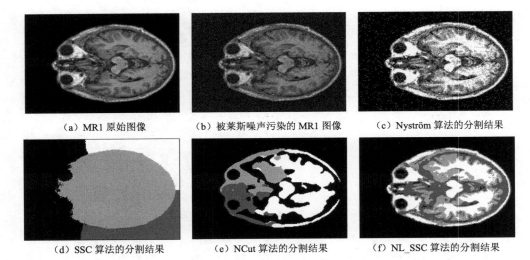

（a）MR1 原始图像　　　（b）被莱斯噪声污染的 MR1 图像　　　（c）Nyström 算法的分割结果

（d）SSC 算法的分割结果　　　（e）NCut 算法的分割结果　　　（f）NL_SSC 算法的分割结果

图 3-11　MR1 原始图像、被噪声污染图像及四种对比算法的分割结果

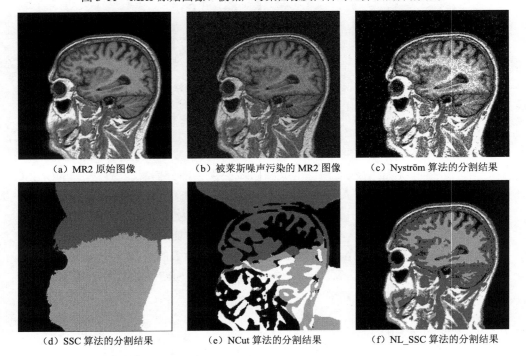

（a）MR2 原始图像　　　（b）被莱斯噪声污染的 MR2 图像　　　（c）Nyström 算法的分割结果

（d）SSC 算法的分割结果　　　（e）NCut 算法的分割结果　　　（f）NL_SSC 算法的分割结果

图 3-12　MR2 原始图像、被噪声污染图像及四种对比算法的分割结果

256 像素和 256 像素×256 像素，显示在图 3-11（a）和图 3-12（a）中。两个被噪声污染的 MR 图像分别展示在图 3-11（b）和图 3-12（b）中。四种对比算法在这两个噪声图像上的分割结果如图 3-11（c）～（f）和图 3-12（c）～（f）所示。

从分割结果可以发现，NL_SSC 算法不但较好地去除了噪声的影响，而且保留了 MR 图像中较多的细节信息。因此，NL_SSC 算法在 MR 图像的分割问题上要比 Nyström 算法、SSC 算法和 NCut 算法更有效。

3.3.4　与结合空间信息的聚类图像分割算法的比较

前面给出的实验中所采用的比较方法都是基于谱聚类的图像分割方法，在本小节中，采用多种融合空间信息的聚类算法作为比较方法，在两幅图像 Source 和 MR1 上进行分割对比试验。这些利用空间信息的分割方法包括 KFCM_S1[3]、KFCM_S2[3] 和基于非局部空间信息的模糊 c 均值聚类（fuzzy c-means clustering based on nonlocal spatial information，FCM_NLS）[19]。在 KFCM_S1 和 KFCM_S2 算法中，局部空间信息的邻域窗大小为 3 像素×3 像素。FCM_NLS 和本节的算法都需要获得图像像素的非局部空间信息，因此相关参数设置为 R=21、L=7 和 h=23。此外，所有比较的算法中都需要设置空间参数 α，这里取值为 4。图 3-13 和图 3-14 中给出了融合空间信息的聚类算法的分割结果，很明显可以看出，采用 FCM_NLS 算法和 NL_SSC 算法与其他两种算法相比获得了更加满意的分割效果。与 FCM_NLS 相比，NL_SSC 更不容易受到噪声的影响，获得了最优的分割结果。

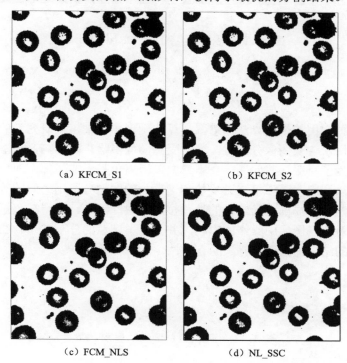

（a）KFCM_S1　　　　　　　（b）KFCM_S2

（c）FCM_NLS　　　　　　　（d）NL_SSC

图 3-13　融合空间信息的聚类算法在 Source 图像上的分割结果

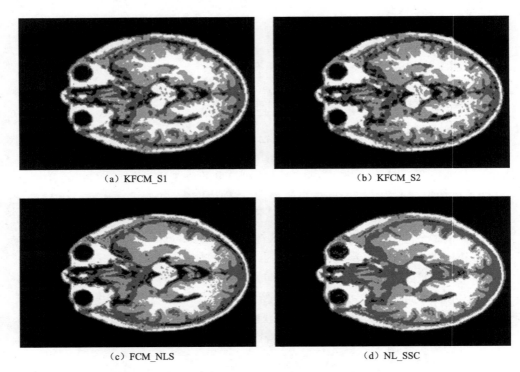

　　　　（a）KFCM_S1　　　　　　　　　　　　　　（b）KFCM_S2

　　　　（c）FCM_NLS　　　　　　　　　　　　　　（d）NL_SSC

图 3-14　融合空间信息的聚类算法在 MR1 图像上的分割结果

3.4　本 章 小 结

　　作为一种常用的聚类算法，谱聚类算法受到了越来越多研究者的关注。然而当该类算法用于含噪图像分割时，容易受到图像中噪声的影响，无法获得满意的分割效果。为了克服这些问题，在本章中，提出了基于非局部空间信息的谱聚类算法。该算法利用非局部权核 k 均值和谱聚类的图划分准则之间的等价性，构造了一个新的基于非局部空间信息的拉普拉斯相似性矩阵，使得在该矩阵基础上的谱聚类算法避免了图像中噪声的影响，并获得了满意的分割结果。在人造图像和自然图像上的结果也验证了算法的有效性。

参 考 文 献

[1]　崔光茫, 张克奇, 徐之海, 等. 基于仿射重建和噪声散点直方图的图像噪声水平估计[J]. 红外与激光工程, 2018, 47(1): 182-188.

[2] 邵航, 黄海亮, 郭雨晨, 等. 一种基于可信度估计单元的图像分类噪声抑制深度学习策略[J]. 电子学报, 2020, 48(10): 1969-1975.

[3] CHEN S C, ZHANG D Q. Robust image segmentation using FCM with spatial constraints based on new kernel-induced distance measure[J]. IEEE Transactions on System, Man, and Cybernetics, Part B: Cybernetics, 2004, 34(4): 1907-1916.

[4] AHMED M N, YAMANY S M, MOHAMED N, et al. A modified fuzzy c-means algorithm for bias field estimation and segmentation of MRI data[J]. IEEE Transactions on Medical Imaging, 2002, 21(3): 193-199.

[5] SZILAGYI L, BENYO Z, SZILAGYI S M, et al. MR brain image segmentation using an enhanced fuzzy c-means algorithm[C]. Proceedings of 25th Annual International Conference of the IEEE Engineering in Medicine and Biology Society, Cancun, Mexico, 2003: 17-21.

[6] CAI W L, CHEN S C, ZHANG D Q. Fast and robust fuzzy c-means clustering algorithms incorporating local information for image segmentation[J]. Pattern Recognition, 2007, 40(7): 825-838.

[7] 王小鹏, 王庆圣, 焦建军, 等. 快速自适应非局部空间加权与隶属度连接的模糊 C-均值噪声图像分割算法[J]. 电子与信息学报, 2021, 43(1): 171-178.

[8] 孙即祥. 现代模式识别[M]. 长沙: 国防科技大学出版社, 2002.

[9] 张莉, 周伟达, 焦李成. 核聚类算法[J]. 计算机学报, 2002, 25(6): 587-590.

[10] PAN B, LAI J, CHEN W, et al. Nonlinear nonnegative matrix factorization based on Mercer kernel construction[J]. Pattern Recognition, 2011, 44(10): 2800-2810.

[11] DHILLON I S, GUAN Y, KULIS B. Kernel k-means, spectral clustering and normalized cuts[C]. Proceeding of the 10th ACM Knowledge Discovery and Data Mining Conference, Seattle, USA, 2004: 551-556.

[12] CAMASTRA F, VERRI A. A novel kernel method for clustering[J]. IEEE Transactions on Pattern Analysis and Machine Intelligence, 2005, 27(5): 801-805.

[13] DHILLON I S, GUAN Y, KULIS B. Weighted graph cuts without eigenvectors: A multilevel approach[J]. IEEE Transaction on Pattern Analysis and Machine Intelligence, 2007, 29(11): 1944-1957.

[14] SCARPA G, HAINDL M. Unsupervised texture segmentation by spectral-spatial-independent clustering[C]. 18th International Conference on Pattern Recognition, Hong Kong, China, 2006: 151-154.

[15] MAKROGIANNIS S, ECONOMOU G, FOTOPOULOS S. A region dissimilarity relation that combines feature-space and spatial information for color image segmentation[J]. IEEE Transactions on Systems, Man, and Cybernetics, Part B: Cybernetics, 2005, 35(1): 44-53.

[16] BUADES A, COLL B, MOREL J M. A non-local algorithm for image denoising[C]. Proceeding of IEEE International Conference on Computer Vision and Pattern Recognition, San Diego, USA, 2005: 60-65.

[17] MAHMOUDI M, SAPIRO G. Fast image and video denoising via nonlocal means of similar neighborhoods[J]. IEEE Signal Processing Letters, 2005, 12(12): 839-842.

[18] HEO Y C, KIM K, LEE Y J. Image denoising using non-local means (NLM) approach in magnetic resonance (MR) imaging: A systematic review[J]. Applied Sciences, 2020, 10(20): 7028.

[19] ZHAO F, JIAO L C, LIU H Q. Fuzzy c-means clustering with non local spatial information for noisy image segmentation[J]. Frontiers of Computer Science in China, 2011, 5(1): 45-56.

[20] SHI J, MALIK J. Normalized cuts and image segmentation[J]. IEEE Transactions on Pattern Analysis and Machine Intelligence, 2000, 22(8): 888-905.

[21] WANG S, SISKIND J M. Image segmentation with ratio cut[J]. IEEE Transactions on Pattern Analysis and Machine Intelligence, 2003, 25: 675-690.

[22] DING C, HE X, ZHA H, et al. A min-max cut algorithm for graph partitioning and data clustering[C]. Proceedings of IEEE International Conference on Data Mining, San Jose, USA, 2001: 107-114.

[23] CHUNG F R K. Spectral Graph Theory[M]. Providence: American Mathematical Society, 1997.

[24] FILIPPONE M, CAMASTRA F, MASULLI F, et al. A survey of kernel and spectral methods for clustering[J]. Pattern Recognition, 2008, 41: 176-190.

[25] BENGIO Y, DELALLEAU O, LE ROUX N, et al. Learning eigenfunctions links spectral embedding and kernel PCA[J]. Neural Computing, 2004, 16(10): 2197-2219.

[26] LIU H Q, JIAO L C, ZHAO F. Non-local spatial spectral clustering for image segmentation[J]. Neurocomputing, 2011, 74(1-3): 461-471.

[27] GIROLAMI M. Mercer kernel-based clustering in feature space[J]. IEEE Transactions on Neural Networks, 2002, 13(3): 780-784.

[28] SAUNDERS C, STITSON M O, WESTON J, et al. Support vector machine-reference manual[R]. Department of Computer Science, Royal Holloway University of London, Technical Report CSD-TR-98-03, 1998.

[29] NG A Y, JORDAN M I, WEISS Y. On spectral clustering: Analysis and an algorithm[C]. Proceedings of the 14th International Conference on Neural Information Processing Systems, Vancouver, Canada, 2001: 849-856.

[30] FOWLKES C, BELONGIE S, CHUNG F, et al. Spectral grouping using the Nyström method[J]. IEEE Transactions on Pattern Analysis and Machine Intelligence, 2004, 26(2): 214-225.

[31] ZELNIK-MANOR L, PERONA P. Self-tuning spectral clustering[C]. Proceedings of the 18th Neural Information Processing Systems, Vancouver, Canada, 2004: 1601-1608.

第4章 结合空间连通性和一致性的谱聚类图像分割算法

谱聚类算法应用于图像分割时，像素间相似性矩阵的构造对于最终的分割结果影响巨大。以一幅 256 像素×256 像素大小的图像为例，为了表示图像像素点之间的相似性关系，需要 65536 像素×65536 像素大小的矩阵来存储，因而造成庞大的相似性矩阵存储问题，而且庞大的相似性矩阵的特征值和特征向量也难以计算。为了解决此类问题，Fowlkes 等[1]提出了使用 Nyström 逼近方法来减少谱聚类算法求解特征值和特征向量的计算复杂度。值得指出的是，Nyström 逼近方法需要人为设定尺度参数来构造像素点之间的相似性，分割结果对尺度参数是非常敏感的。另外，当图像被噪声污染时，Nyström 逼近方法仅仅使用灰度和空间位置来构造像素之间的相似性，仍然无法获得理想的分割结果。

4.1 基于三维特征空间的谱聚类图像分割算法

针对传统谱聚类方法存在的诸多问题，本节介绍一种基于三维特征空间的谱聚类图像分割（spectral clustering image segmentation based on three dimensions feature space，SC3DFS）算法[2]。在该算法中，不对图像中的像素之间建立相似性，而是首先利用图像中各个像素在图像中的灰度信息、局部空间信息和非局部空间信息构造像素的三维特征，并利用这些特征点重复组成新的数据集。其次引入空间紧致性函数[3]，建立新数据集中的三维特征点与其最近的 K 个最近邻之间的相似性，得到稀疏的相似性矩阵。最后利用谱聚类算法对这些特征点进行聚类，并得到图像的最终分割结果。在含噪声的人工图像、自然图像和合成孔径雷达图像上进行了仿真实验，取得了良好的分割结果。

4.1.1 三维特征空间

图像在获取和传输过程中很容易受到噪声的污染，因此在图像分割过程中，如果单单利用像素的灰度信息，往往得不到令人满意的结果。利用局部邻域空间信息的聚类算法[4-6]在一定程度上提高了图像的分割质量，然而当图像的噪声水平很高时，一个像素的邻域像素也可能会被噪声所污染，从而无法获得满意的分割结果。实际上，对于每一个像素来说，图像中存在很多像素与它具有相似的邻域结构，利用这些具有相似邻域结构的像素得到其非局部空间信息[7-9]也是一种理想的方式。在本节中，利用图像每个像素的灰度信息、局部空间信息和非局部空间信息，构造该像素的三维特征空间，考察该空间内特征点的连通性和一致性。首先定义 G_{ij} 表示图像像素(i, j)的三维特征点，$G_{ij} = \{G_{ij}^1, G_{ij}^2, G_{ij}^3\}$（$0 \leqslant G_{ij}^p \leqslant 255$，$p = 1, 2, 3$），其中，$G_{ij}^1$、$G_{ij}^2$ 和 G_{ij}^3 分别为像素(i, j)的灰度信息、局部均值空间信息和非局部均值空间信息。

像素(i, j)的局部均值空间信息 G_{ij}^2 为该像素的邻域平均值。令 N_{ij}^m 表示中心在(i, j)，边长为 m 的方形邻域窗的坐标集。G_{ij}^2 的取值是 N_{ij}^m 定义的区域中像素灰度的平均值，即

$$G_{ij}^2 = \frac{1}{m^2} \sum_{(s,t) \in N_{ij}^m} g(s,t) \tag{4-1}$$

式中，$g(s, t)$为像素(s, t)的灰度值。

对于像素(i, j)，它的非局部均值空间信息 G_{ij}^3 采用下式来计算：

$$G_{ij}^3 = \sum_{(s,t) \in R_{ij}^r} (w_{st} g(s,t)) \tag{4-2}$$

式中，R_{ij}^r 表示以像素(i, j)为中心，边长为 r 的方形搜索窗的坐标集；w_{st} 表示权值，其大小依赖于像素(i, j)和像素(s, t)之间的相似性，且满足 $0 \leqslant w_{st} \leqslant 1$，$\sum_{(s,t) \in R_{ij}^r} w_{st} = 1$。这里像素$(i, j)$和像素$(s, t)$之间的相似性通过灰度向量 $g(N_{ij}^m)$ 和 $g(N_{st}^m)$ 之间的相似性来构造。w_{st} 具体定义如下：

$$w_{st} = \frac{1}{Z_{ij}} \exp\left(-\left\|g(N_{st}^m) - g(N_{ij}^m)\right\|_{2,\alpha}^2 \Big/ h\right) \tag{4-3}$$

该权值为带权欧氏距离 $\left\|g(N_{st}^m) - g(N_{ij}^m)\right\|_{2,\alpha}^2$ 的减函数，$\alpha > 0$ 是高斯核函数的标准差，h 是控制公式（4-3）中指数函数衰减的参数，$Z_{ij} = \sum_{(s,t) \in R_{ij}^r} \exp\left(-\left\|g(N_{st}^m) - g(N_{ij}^m)\right\|_{2,\alpha}^2 \Big/ h\right)$ 是归一化参数。因此，与像素(i, j)具有相似灰度向量结构的像素具有较大的权值。

下面以添加高斯白噪声（均值为 0，方差为 0.03）的人造图为例，展示方形区域内像素的灰度特征，灰度与局部均值二维特征以及定义的像素的三维特征。图 4-1 为添加噪声的人造图及其三种特征空间分布。从图中可以明显看出，选定的这些像素在新定义的三维特征空间中更加明显可分。

在上述定义的像素三维特征的基础上，采用 $C(G_{ij}, l)$ 表示一个以三维特征点 G_{ij} 为中心，以 l 为边长的立方体区域。$C(G_{ij}, l)$ 中包含满足 $G_{ij}^p - (l-1)/2 \leqslant G_{st}^p \leqslant G_{ij}^p + (l+1)/2$ 的所有像素点。此外，令 $A(G_{ij}, l)$ 表示所有特征点落在 $C(G_{ij}, l)$ 中的像素组成的集合。下面考察图像像素的三维特征空间区域的连通性与一致性。

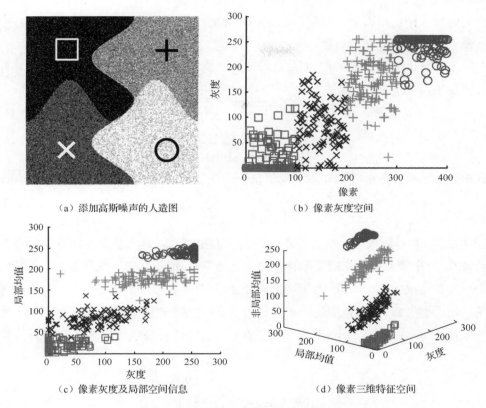

（a）添加高斯噪声的人造图　　　　　　　　　（b）像素灰度空间

（c）像素灰度及局部空间信息　　　　　　　　（d）像素三维特征空间

图 4-1　添加噪声的人造图及其三种特征空间分布

4.1.2　连通性与一致性度量

在像素(i, j)的邻域 N_{ij}^{m} 中，属于集合 $A(G_{ij}, l)$ 的邻域像素组成的集合记为 $N_{ij}(A)$。这里，用 δ_{ij} 来表示像素(i, j)与集合 $A(G_{ij}, l)$ 之间的连通性，其定义如下：

$$\delta_{ij} = \frac{\left| N_{ij}(A) \right|}{m^2} \tag{4-4}$$

式中，$\left| N_{ij}(A) \right|$ 表示 $N_{ij}(A)$ 集合中元素的数目。获得集合中像素的连通性之后，集合 $A(G_{ij}, l)$ 的连通性度量 $CD(A(G_{ij}, l))$ 采用下式定义：

$$CD(A(G_{ij}, l)) = \frac{\sum_{(s,t) \in A(G_{ij}, l)} \delta_{st}}{\left| A(G_{ij}, l) \right|} \tag{4-5}$$

式中，$CD(A(G_{ij}, l))$ 表示集合 $A(G_{ij}, l)$ 中每一个像素的邻域 N_{ij}^{m} 中的像素点同时属于 $A(G_{ij}, l)$ 的个数的平均值。$CD(A(G_{ij}, l))$ 值接近于 0 时，表示集合 $A(G_{ij}, l)$ 中的

像素散布在图像平面上；相反，$CD(A(G_{ij},l))$ 值接近于 1 时，表示集合 $A(G_{ij},l)$ 中的像素紧密分布在图像的某一区域上。

下面给出衡量一个集合 $A(G_{ij},l)$ 的区域一致性的度量 $\eta(A(G_{ij},l))$，具体的计算公式如下：

$$\eta(A(G_{ij},l)) = \frac{\sqrt{\sum\limits_{(s,t)\in A(G_{ij},l)} \sum\limits_{p=1}^{3} (G_{st}^p - M_{ij}^p)^2}}{\left|A(G_{ij},l)\right|} \tag{4-6}$$

式中，$M_{ij} = \{M_{ij}^p, p=1,2,3\}$ 表示属于集合 $A(G_{ij},l)$ 的所有像素三维特征的平均值：

$$M_{ij}^p = \frac{1}{\left|A(G_{ij},l)\right|} \sum_{(s,t)\in A(G_{ij},l)} G_{st}^p \tag{4-7}$$

$\eta(A(G_{ij},l))$ 可以看成一个协方差矩阵迹的平方根形式，这个协方差矩阵建立在集合 $A(G_{ij},l)$ 中所有像素点的三维特征上，它是集合 $A(G_{ij},l)$ 中所有像素的三维特征全局散布情况的一个度量。为了确定集合 $A(G_{ij},l)$ 是否对应于图像中一个真实的区域，还需要考察 $A(G_{ij},l)$ 中每一个像素的三维特征散布情况，即 $A(G_{ij},l)$ 的特征散度度量。用 $\eta_{\text{local}}(A(G_{ij},l))$ 来统计集合 $A(G_{ij},l)$ 的局部特征散度度量，它的表达式如下：

$$\eta_{\text{local}}(A(G_{ij},l)) = \frac{\sum\limits_{(s,t)\in A(G_{ij},l)} \eta(N_{st}^A)}{\left|A(G_{ij},l)\right|} \tag{4-8}$$

式中，$\eta(N_{st}^A)$ 反映了集合 $A(G_{ij},l)$ 中像素点 (i,j) 的特征散布情况。

集合 $A(G_{ij},l)$ 的三维特征的一致性度量 $HD(A(G_{ij},l))$ 的定义为

$$HD(A(G_{ij},l)) = \begin{cases} \dfrac{\eta_{\text{local}}(A(G_{ij},l))}{\eta(A(G_{ij},l))}, & \text{如果 } \eta(A(G_{ij},l)) \neq 0 \\ 1, & \text{否则} \end{cases} \tag{4-9}$$

一致性度量 $HD(A(G_{ij},l))$ 的值从 0 变化到 1。当 $\eta_{\text{local}}(A(G_{ij},l)) = 0$ 时，$HD(A(G_{ij},l))$ 的值等于 0；当 $\eta_{\text{local}}(A(G_{ij},l)) = \eta(A(G_{ij},l))$ 时，$HD(A(G_{ij},l))$ 的值等于 1。为了防止 $HD(A(G_{ij},l))$ 的值超过 1，设定当 $\eta_{\text{local}}(A(G_{ij},l))$ 大于 $\eta(A(G_{ij},l))$ 时，$HD(A(G_{ij},l))$ 的值被定为 1。当局部特征散度度量 $\eta_{\text{local}}(A(G_{ij},l))$ 接近于全局特征散度度量 $\eta(A(G_{ij},l))$ 时，集合 $A(G_{ij},l)$ 中的像素点对应于图像中一个区域的可能性较大；当 $\eta_{\text{local}}(A(G_{ij},l))$ 小于 $\eta(A(G_{ij},l))$ 时，集合 $A(G_{ij},l)$ 中的像素点可能对应于图像中的多个区域，$A(G_{ij},l)$ 应该被分割成几个立方体区间对应的多个集合。

4.1.3　基于三维特征空间的相似性度量

在图谱划分理论[10]中，任意特征空间中的点集均可表示为一个带权无向图 $W=(V, E, S)$，图上的结点 V 即为特征空间中的点，边集 E 表示每两个结点(i, j)之间由一条边连接起来，边的权值为 S_{ij}，S_{ij} 表示结点 i 和结点 j 的相似程度，称 S 为相似性矩阵。因此，把图像的非重复三维特征点作为带权无向图的结点，通过构造任意一对结点之间的相似性将图像分割问题转化为在图 W 上的图划分问题，即将图 $W=(V, E, S)$ 划分为 k 个互不相交的子集 $V_1, V_2, \cdots, V_k$，划分后保证每个子集 V_i 内结点的相似程度较高，不同的集合 V_i 和 V_j 之间的结点相似程度较低。

对于给定的立方体空间 $C(G_{ij}, l)$，首先利用连通性和一致性度量定义该空间的紧致性函数 $CD\_HD(A(G_{ij}, l))$，表达形式为

$$CD\_HD(A(G_{ij}, l)) = \lambda \cdot CD(A(G_{ij}, l)) + (1 - \lambda) \cdot HD(A(G_{ij}, l)) \qquad (4\text{-}10)$$

式中，$\lambda(0 \leqslant \lambda \leqslant 1)$ 为权重值，表示连通性和一致性在紧致性函数中的重要性程度。$CD\_HD(A(G_{ij}, l))$ 的值较高，表明 $A(G_{ij}, l)$ 中的像素点紧密分布在图像的某一区域上的可能性就大，而且这些像素点在三维特征空间中相距很近；相反，$CD\_HD(A(G_{ij}, l))$ 的值较低，意味着 $A(G_{ij}, l)$ 中的像素点散布在整个图像上，或者表明这些像素点在三维空间中的相距很远，即 $A(G_{ij}, l)$ 应该被分割成几个立方体区间对应的多个集合。

利用空间的紧致性函数 CD_HD 来定义三维特征点之间的相似性矩阵。对于三维特征点 G_{ij} 和 G_{st}，它们之间的相似性为

$$S(G_{ij}, G_{st}) = \min_{G_{ab} \in \text{Cube}(G_{ij}, G_{st})} CD\_HD(A(G_{ab}, l)) \qquad (4\text{-}11)$$

式中，$\text{Cube}(G_{ij}, G_{st})$ 表示在 $[G_{ij}, G_{st}]$ 形成的所有长方体区域内的所有三维特征点的集合。

4.1.4　算法主要步骤及复杂度分析

谱聚类是一种常见的解决图谱划分的方法，它利用数据的拉普拉斯矩阵的特征向量进行聚类，获得聚类准则在放松了的连续域中的全局最优解[11]。Ng 等[12]提出的 NJW 谱聚类算法是应用最广泛的方法之一，这里采用该算法来对图像像素的三维特征点进行聚类，进而得到图像的分割结果。下面给出基于三维特征空间的谱聚类图像分割算法的流程。

步骤 1：对于图像中所有的像素，构造每个像素的三维特征，并去除重复的特征点。

步骤 2：寻找每个三维特征点的 K 个近邻。

步骤 3：利用公式（4-11）计算每个三维特征点与其 K 个近邻之间的相似性，获得稀疏的相似性矩阵 S，并使对角线元素 $S_{ii}=0$。

步骤 4：规范化相似性矩阵，得到矩阵 $L = D^{-1/2}SD^{-1/2}$。

步骤 5：构造矩阵 $V = [v_1, v_2, \cdots, v_k]$，其中 v_i 为列向量，$v_1, v_2, \cdots, v_k$ 为 L 的 k 个最大特征值。

步骤 6：归一化 V 的行向量，得到矩阵 Y，即 $Y_{ij} = V_{ij} \Big/ \left(\sum_j V_{ij}^2 \right)^{1/2}$。

步骤 7：将 Y 作为原始数据在 R^k 空间的新的表示，使用 k 均值聚类算法将其聚为 k 类，这样就得到了三维特征点的聚类结果。

步骤 8：对图像中的所有像素进行重新分类，得到原始图像的分割结果。对于图像中的任意像素 (i,j)，如果满足 $G_{ij} \in C_h, 1 \leq h \leq k$，则将该像素归到第 h 类中。

给定一幅大小为 X 像素×Y 像素的图像，基于三维特征的谱聚类图像分割算法，首先需要构造图像中每个像素的三维特征，其算法复杂度 $O(XYm^2r^2)$ 主要是由非局部空间信息构成的。假设将像素中重复的三维特征点去除后，三维特征点的数目为 Z（$Z<XY$）。那么，采用近似 k 近邻方法寻找每个特征点的 K 个近邻需要的计算复杂度为 $O(3Z/K)$[13]。对于任意的三维特征点对，利用公式（4-11）构造它们之间的相似性最多需要 $O(l^3 + XYl^3 + XYl^3m)$ 次运算，所以计算所有特征点与其 K 个近邻之间的相似性的复杂度为 $O((l^3 + XYl^3 + XYl^3m)ZK)$，其中 l 和 m 分别表示立方体区间的长度和邻域窗的大小。最后求解相似性矩阵的特征向量的复杂度为 $O(kZ^2)$，所以基于三维特征空间的谱聚类图像分割算法总的复杂度为 $O(XYm^2r^2 + 3Z/K + (l^3 + XYl^3 + XYl^3h)ZK + kZ^2)$。

4.1.5 实验结果与讨论

1. 实验设置

为了验证 SC3DFS 算法的有效性，在两幅人造图像、两幅自然图像和两幅 SAR 图像上进行了分割实验。人造图像和自然图像被分别添加了高斯白噪声和乘性噪声。与一般光学图像相比，SAR 图像的相干成像原理使得 SAR 图像本身含有大量的斑点噪声。实验中参与比较的方法包括结合空间信息的改进的 FCM（FCM_S）算法[4]、Nyström 算法[1]以及 Shi 和 Malik 的 NCut 算法[14]。四种算法的参数设置如下：

（1）SC3DFS 为本节介绍的算法，该算法首先需要构造图像的三维特征，参数包括邻域窗的大小 $m=3$，搜索窗的大小 $r=15$，相似窗大小为 7 和非局部均值算法的衰减参数 $h=25$。其次在构造近邻相似性矩阵时，k 近邻参数为 50，三维空间

立方体区间的长度 *l*=9，相似性参数 $\lambda = 0.5$。

（2）FCM_S 算法需要利用每个像素的局部邻域信息，邻域窗的边长为 3。此外，该算法中模糊指数 *m* 取值为 2，空间限制参数 $\beta = 6$。迭代停止条件为最大迭代次数 *T*=500 和算法结束阈值 $\varepsilon = 10^{-5}$。

（3）Nyström 算法利用图像灰度信息和空间位置信息构造像素间的相似性，其中随机采样点的数目为 50，灰度尺度参数为 0.5，空间位置尺度参数为 70。

（4）NCut 算法是一种经典的用于图像分割的谱聚类算法，其中采样半径为 5，采样率是 100%，边界方差为 0.1。此外提取图像轮廓采用的滤波器参数中，方向数目、尺度参数、滤波器大小和衰减因子分别设置为 4、3、21 和 3。

2. 人造图像与自然图像分割结果

在此实验中，采用两幅人造图像和两幅自然图像验证对比方法的性能。图 4-2（a）展示了大小为 128 像素×128 像素的人造图像 1（图中三类像素灰度值分别为 50、130 和 210）。图 4-2（b）展示了大小为 256 像素×256 像素的人造图像 2（图中四类像素灰度值分别为 0、85、170 和 255）。另外两幅自然图像大小分别为 256 像素×256 像素和 265 像素×272 像素，在图 4-2（c）和（d）中展示。

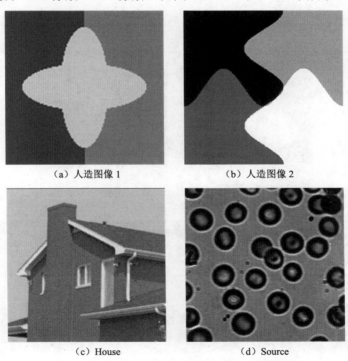

（a）人造图像 1　　　　　　（b）人造图像 2

（c）House　　　　　　（d）Source

图 4-2　人造图像和自然图像原图

　　表 4-1 中给出了四种对比算法在被噪声污染的人造图像上的分割准确率。人造图像 1 分别添加了均值为 0、方差为 0.01 的高斯白噪声和噪声水平为 0.05 的乘性噪声。人造图像 2 分别添加了高斯白噪声（方差为 0.015）和乘性噪声（噪声水平为 0.006）。图 4-3～图 4-6 给出了分别被高斯白噪声和乘性噪声污染的人造图像及分割结果。从结果中可以看出，Nyström 算法是所有比较方法中最差的，由于该算法只考虑了图像中像素的灰度特征和空间位置信息，对图像中噪声的鲁棒性较差。考虑了像素点的局部空间信息的 FCM_S 算法就在一定程度上克服了噪声的敏感性，但是在边界区域仍然有很多错分的像素，分割结果还是不够理想。经典的 NCut 算法在一定程度上很好地克服了图像中的噪声。此外，由于原始人造图像灰度简单，边界比较分明，该算法获得了比较理想的分割结果，但是在多类交界处错分比较严重。本节的算法获得了比其他算法更加理想的分割结果，无论在噪声的去除上，还是各类交界处都获得了比其他算法更加有效的性能。

表 4-1　四种对比算法在被噪声污染人造图像上的分割准确率

图像	噪声类型	FCM_S	Nyström	NCut	SC3DFS
人造图像 1	高斯白噪声	0.9885	0.9122	0.9935	0.9986
	乘性噪声	0.9861	0.7189	0.9941	0.9966
人造图像 2	高斯白噪声	0.9928	0.8499	0.9940	0.9992
	乘性噪声	0.9824	0.8087	0.9964	0.9983

（a）被高斯白噪声污染的人造图像 1　　（b）FCM_S 算法的分割结果

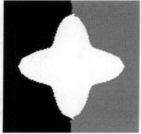

（c）Nyström 算法的分割结果　　（d）NCut 算法的分割结果　　（e）SC3DFS 算法的分割结果

图 4-3　被高斯白噪声污染的人造图像 1 及分割结果

（a）被乘性噪声污染的人造图像 1　　　　（b）FCM_S 算法的分割结果

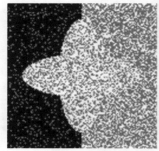　　　　

（c）Nyström 算法的分割结果　　　　（d）NCut 算法的分割结果　　　　（e）SC3DFS 算法的分割结果

图 4-4　被乘性噪声污染的人造图像 1 及分割结果

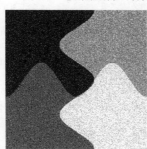　　

（a）被高斯白噪声污染的人造图像 2　　　（b）FCM_S 算法的分割结果

（c）Nyström 算法的分割结果　　　　（d）NCut 算法的分割结果　　　　（e）SC3DFS 算法的分割结果

图 4-5　被高斯白噪声污染的人造图像 2 及分割结果

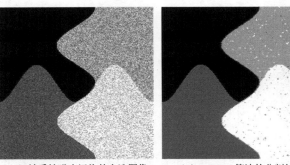

（a）被乘性噪声污染的人造图像 2　　　　（b）FCM_S 算法的分割结果

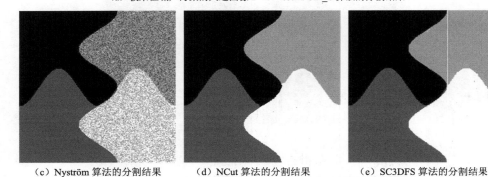

（c）Nyström 算法的分割结果　　　（d）NCut 算法的分割结果　　　（e）SC3DFS 算法的分割结果

图 4-6　被乘性噪声污染的人造图像 2 及分割结果

自然图像 House 被分别添加了均值为 0、方差为 0.003 的高斯噪声和噪声水平为 0.015 的乘性噪声。Source 图像被分别添加了均值为 0、方差为 0.01 的高斯噪声和噪声水平为 0.1 的乘性噪声。图 4-7～图 4-10 分别给出了含噪自然图像及分割结果。对于两幅含噪自然图像，FCM_S 算法、Nyström 算法和 SC3DFS 算法获得了与在含噪人造图像上类似的分割性能，Nyström 算法仍然是对图像噪声最敏感的算法。SC3DFS 算法与 FCM_S 算法相比，对图像中的噪声更加鲁棒，获得了更加理想的分割结果。值得指出的是，在含噪人造图像上获得比较理想分割结果的 NCut 算法，虽然很好地滤除了含噪自然图像中的噪声，但是对图像中区域的错分比较严重，图像中的细节信息也没有很好地分割出来。因此，从人造图像和自然图像加噪图的分割结果可以发现，SC3DFS 算法综合考虑了含噪图像的局部空间信息和非局部空间信息，获得了理想的分割结果。

（a）高斯含噪 House 图　　　　　　（b）FCM_S 算法的分割结果

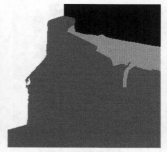

（c）Nyström 算法的分割结果　　　（d）NCut 算法的分割结果　　　（e）SC3DFS 算法的分割结果

图 4-7　House 高斯噪声分割结果

（a）乘性含噪 House 图　　　　　　（b）FCM_S 算法的分割结果

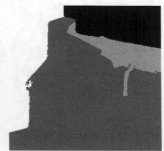

（c）Nyström 算法的分割结果　　　（d）NCut 算法的分割结果　　　（e）SC3DFS 算法的分割结果

图 4-8　House 乘性噪声分割结果

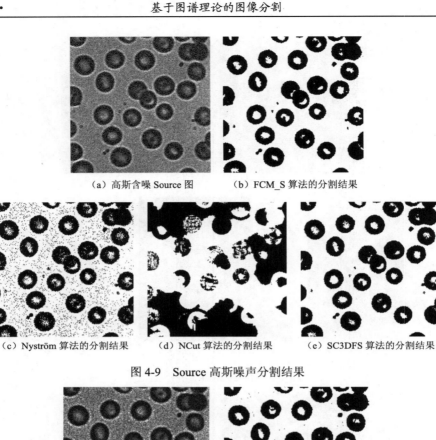

（a）高斯含噪 Source 图　　　　（b）FCM_S 算法的分割结果

（c）Nyström 算法的分割结果　　　（d）NCut 算法的分割结果　　　（e）SC3DFS 算法的分割结果

图 4-9　Source 高斯噪声分割结果

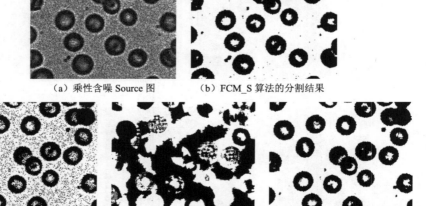

（a）乘性含噪 Source 图　　　　（b）FCM_S 算法的分割结果

（c）Nyström 算法的分割结果　　　（d）NCut 算法的分割结果　　　（e）SC3DFS 算法的分割结果

图 4-10　Source 乘性噪声分割结果

3. 合成孔径雷达图像分割结果

本节采用一幅 Ku 波段的机场跑道 SAR 图像和一幅 X 波段的冰川 SAR 图像来验证算法的有效性，Ku 波段的机场跑道 SAR 图像大小为 285 像素×345 像素。X 波段的冰川 SAR 图像大小为 200 像素×220 像素。图 4-11 和图 4-12 分别给出了两幅 SAR 图像的分割结果。从两幅图像的分割结果可以看出，在自然图像有些失效的 NCut 算法无法在两幅 SAR 图像上获得理想的分割结果。此外，Nyström 算法的结果也是不理想的。与上述两种方法相比，FCM_S 算法的结果是比较理想的，SC3DFS 算法的分割结果保留了更多的细节信息，对噪声的去除效果也比 FCM_S 算法要好一些。

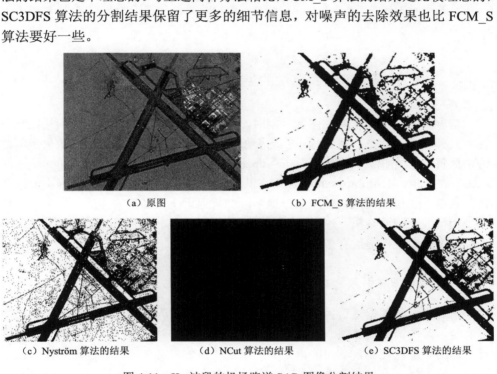

（a）原图　　　　　　　　　　　　　（b）FCM_S 算法的结果

（c）Nyström 算法的结果　　　　（d）NCut 算法的结果　　　　（e）SC3DFS 算法的结果

图 4-11　Ku 波段的机场跑道 SAR 图像分割结果

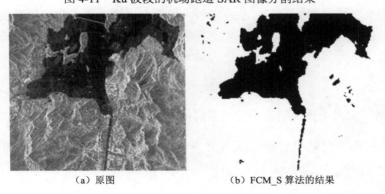

（a）原图　　　　　　　　　　　　　（b）FCM_S 算法的结果

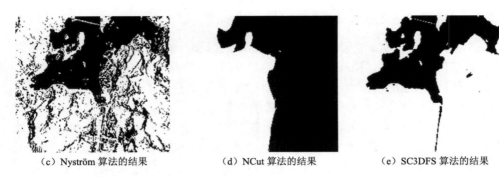

（c）Nyström 算法的结果　　　　（d）NCut 算法的结果　　　　（e）SC3DFS 算法的结果

图 4-12　X 波段的冰川 SAR 图像分割结果

4.2　基于萤火虫算法的半监督谱聚类图像分割算法

　　谱聚类算法应用于彩色图像分割时，需要首先为图像中所有的像素构造相似性，此外在进行特征分解过程中，需要极大的内存来完成运算。基于萤火虫算法的半监督谱聚类图像分割算法（semi-supervised spectral clustering image segmentation based on firefly algorithm, semi-SC-FA）[15]针对这一问题，从图像中选择出一些关键像素进行相似性构造，使用部分像素的结果逼近全局结果的方法，最大限度地减少相似性矩阵的规模，使得谱聚类算法用于图像分割中避免了图像大小的影响，为分割大规模图像提供有效的理论依据。

4.2.1　半监督信息引入

　　谱聚类算法根据是否提供显式的指导性信息，分为监督学习的谱聚类算法与无监督学习的谱聚类算法。无监督学习的谱聚类算法对获取高精度的分割结果具有一定的难度，在监督学习的谱聚类算法中，需要提供全部监督信息的样本或图像像素的类标，这是非常不容易的，单纯依靠人工对图像全部信息进行标记并提供监督信息是耗时耗力的。日常应用中，通常会遇到大量无监督信息的样本及带有少量监督信息的样本，因此，半监督学习应运而生，半监督学习的谱聚类算法可以使用少量宝贵的监督信息指导大量无监督信息的样本实现聚类并提高图像分割精度。

4.2.2　基于萤火虫算法的最小可觉差阈值选取

　　传统彩色模型几乎可以表示所有真实生活中的颜色，如 RGB 模型可显示 $256 \times 256 \times 256$（约为 1600 万）种颜色。Bhurchandi 等[16]指出实际人眼可明显感觉到差异的颜色约有 17000 种，远远小于 RGB 模型表示的颜色数量。通过计算机使用[0, 255]的离散值来表达颜色的启发，将彩色像素信息中的 R、G、B 各维彩色强度数值使用 3 字节（共 24 位）来表示，将 R、G、B 看成同等重要程度用于表示颜色，则各维度差在（255/24, 255/24, 255/24）内是不可明显感觉到差异的颜色。由于人眼对红光敏感程度最强，对绿光居中，对蓝光敏感程度最弱，因此基于最小可觉差理论的彩色空间模型采用不等量化标准，认为在（255/24, 255/26, 255/28）内是不可明显觉察识别的冗余色。基于人眼的视觉系统，人眼对颜色一般存在两种生理视觉差异：人眼视觉差 JND_{eye} 和人眼感知差 JND_h。在范围 $JND_{eye}^2 \leqslant \theta^2 \leqslant JND_h^2$ 内的颜色都是人眼不可明显觉察到差异的颜色，简称为不可觉差。人眼视觉差为 $JND_{eye} = \sqrt{(255/24)^2 + (255/26)^2 + (255/28)^2} \approx \sqrt{292}$，与人眼感知差之间存在 $JND_h = 3 \cdot JND_{eye}$ 的关系，则 $JND_h \approx \sqrt{2628}$。

设 $x_i^{(r,g,b)} = \left(x_i^r, x_i^g, x_i^b\right)$ 和 $x_j^{(r,g,b)} = \left(x_j^r, x_j^g, x_j^b\right)$ 为图像中位置不同的两个像素，这两个像素之间的欧氏距离计算如公式（4-12）所示：

$$\theta' = \sqrt{\left(x_i^r - x_j^r\right)^2 + \left(x_i^g - x_j^g\right)^2 + \left(x_i^b - x_j^b\right)^2} \tag{4-12}$$

若计算出的 θ' 值在可觉差范围内，则称 $x_i^{(r,g,b)}$ 与 $x_j^{(r,g,b)}$ 是颜色特征上的近邻像素点，近邻像素点间颜色不能引起人眼明显识别，故可视为同一种颜色，此颜色即为图像的关键色，同一关键色使用一个代表像素表示。这样就减少了图像中的冗余颜色和冗余像素点，图像分割中的计算量可大大减少。表 4-2 给出了可觉差阈值 θ=35 时获得的代表像素及其相关信息。

表 4-2　θ=35 时获得的代表像素及其相关信息

图像	可觉差类别	R	G	B	行	列
	1	23	45	84	1	1
	2	42	60	110	12	1
	3	20	30	55	226	1
	...	...	...	...	...	...
	14	192	163	168	2	130

针对各个图像如何在可觉差范围内选择合适的可觉差阈值是一个重要的研究问题。智能优化算法具有个体的简单性、系统的鲁棒性和个体与周围环境的分布性有所关联的优点，比较适合可觉差阈值的选取。国内外专家学者提出了很多经典的智能优化算法。1995 年，Kennedy 等[17]依据飞鸟集群活动等行为提出粒子群优化（particle swarm optimization, PSO）算法。人工鱼群优化算法（artificial fish swarm optimization algorithm, FSOA）[18]是依据鱼群常常在水域较为丰富的地方进行觅食，或者尾随其他鱼群进行觅食、聚集的行为而提出的，具有鲁棒性强、实现简单、寻优速度快等特点。2006 年，Eusuff 等[19]依据湿地中青蛙跳跃寻找食物并且相互交流信息的行为提出混合蛙跳算法（shuffled frog leaping algorithm，SFLA）。2010 年，Yang[20]依据萤火虫利用体内荧光素向其他个体传播寻觅食物和求偶等信息进行交流的行为，提出萤火虫算法（firefly algorithm, FA），此算法是继上述优秀的智能优化算法后又一经典算法，具有高效的收敛速度、便于操作、参数少等优点。

　　萤火虫算法是模拟萤火虫个体通过荧光素发光来交换食物信息、吸引异性的生物行为而提出的数学模型，正如文献[21]中提到，该模型具有三个理想化条件：萤火虫体内的荧光素发光程度决定了个体间的吸引力程度，屏蔽雌雄因素影响；萤火虫发光亮度越强代表吸引力越强，但同一个发光亮度的个体对不同距离的个体吸引力不一样，距离越远吸引力越弱，反之越强；每个萤火虫的亮度采用待优化的目标函数来定义，该函数值决定了萤火虫的亮度，即 $I_i = f(x_i)$。

　　萤火虫间吸引力公式如下：

$$\beta_{ij}(r_{ij}) = \beta_0 e^{-\gamma d_{ij}^2} \tag{4-13}$$

式中，β_0 为初始吸引力；γ 为收敛因子，常取值范围为[0.1, 10]；d_{ij} 为个体间的欧氏距离，具体定义如下：

$$d_{ij} = \|x_i - x_j\| \tag{4-14}$$

式中，当距离 d_{ij}=0 时，x_i 和 x_j 两个个体之间的吸引力为初始吸引力。若存在 x_i 和 x_j 两个萤火虫个体间的亮度不一样，前者亮度强于后者时，后者会向更亮的萤火虫个体进行移动，移动过程中发生了位置更新，位置移动的公式为

$$x_j(t+1) = x_j(t) + \beta_{ij}(r_{ij})\left[x_i(t) - x_j(t)\right] + \alpha \varepsilon_j \tag{4-15}$$

式中，t 为算法中的当前迭代次数；$x_i(t)$ 和 $x_j(t)$ 分别为个体 i 和 j 的位置；α 为随机步长，有效值范围是[0,1]；ε_j 为一种随机数向量，是由高斯分布或其他均匀分布计算生成的向量。

　　2009 年，萤火虫算法的提出者对标准的萤火虫算法中位置更新公式进行改进，在公式（4-14）中引入随机的 Lévy 飞行函数，这种具有新的更新位置关系的算法称为 Lévy 飞行萤火虫算法（Lévy-flight firefly algorithm）[22]。2013 年，Yang[23]针对焊接桥梁优化的工程问题，提出一种多目标萤火虫优化算法，通过自适应步长的方法减少了萤火虫算法中的无效运动，使其可以快速收敛于全局最优解。对离散问题进行优化的萤火虫算法是散列萤火虫算法，是一种通过调节收敛因子和随机步长的多群体萤火虫算法，在解决动态问题时获得良好的效果。近

几年，不断有学者将萤火虫算法与其他算法相结合，努力使算法高效率地进行全局收敛，通过参数控制完善萤火虫算法的数学理论[24]。不论是标准的萤火虫算法，还是改进后的算法，都遵循大致统一的流程，图 4-13 给出了标准萤火虫算法的流程图。

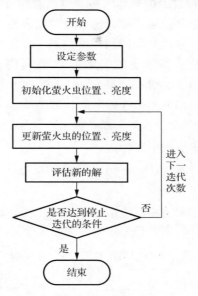

图 4-13　标准萤火虫算法的流程图

　　基于用户给定的图像中像素的标签监督信息，初始化萤火虫种群 X，即在可觉差范围[$\sqrt{292}$, $\sqrt{2628}$]内初始化多个个体，每个个体代表一个可觉差阈值。以表 4-2 中第一个像素为例，首先设定该像素索引值为 1，进而通过判断该像素的颜色特征与其他像素的颜色特征间的欧氏距离，将距离小于当前个体所表示的可觉差阈值 θ 的像素的索引值更新为第一个像素的索引，即将这些像素标记由 0 转化为 1。继续选取第一个标记为 0 的像素，经过上述操作对像素标记登记为 2、3、$\cdots$、kn，直到表 4-2 中所有像素的类标记都不为 0。基于每个像素获得的索引值，从同一索引下选取一个代表像素，存储在代表像素矩阵 Key_pixel$^{(r,g,b)}$ = $\left\{ x_1^{(r,g,b)},\ x_2^{(r,g,b)},\ \cdots,\ x_{kn}^{(r,g,b)} \right\}$ 中。后续通过对代表像素进行聚类，将聚类结果反馈到同一标记类的像素中，完成图像分割。

　　由于种群中的个体对应的阈值对后续的结果具有一定的影响，如何评价个体的优劣是一个值得研究的问题。对于图像分割而言，用户可以给定少量像素的标签信息用于指导后续分割方法。在本节的算法中，将用户给定标签信息的像素聚类结果统计在标签矩阵 label 中，然后将像素的聚类结果存储在 temp_label 中，通过评价聚类结果的好坏来选择吸引力更高的萤火虫个体。

4.2.3　融合连通性和离散性的相似性度量方法

　　4.2.2 小节中萤火虫种群中的个体对应着要选取的可觉差阈值和代表性像素，为了对代表性像素进行划分，需要设计出合理的代表性像素相似性度量方法。传统的谱聚类方法中构造样本数据间的相似度是通过核函数进行构造，为了避免核函数中不同尺度参数对聚类结果的影响，本节利用代表像素间的连通水平（connectivity level, CL）和离散水平（discrete level, DL）构造关于像素间空间紧致性的相似矩阵。下面介绍构造相似性矩阵的具体做法。

　　设 $x_i^{(r,g,b)}$ 代表图像中第 i 个像素，统计以 $x_i^{(r,g,b)}$ 为中心的彩色信息带集合 Ω_i，集合中像素的彩色信息满足如下条件：

$$\Omega_i = \left\{ x \mid x_i^r - d \leqslant x^r \leqslant x_i^r + d \bigcap x_i^g - d \leqslant x^g \leqslant x_i^g + d \bigcap x_i^b - d \leqslant x^b \leqslant x_i^b + d \right\} \quad (4\text{-}16)$$

式中，d 是彩色信息差。

　　任意两个代表像素之间的相似性由 CL 和 DL 决定。代表像素的空间邻域像素的颜色信息也在彩色信息带集合中，采用 N_{Ω_i} 进行存储，即

$$N_{\Omega_i} = \{ x_k \mid x_k \in (\bigcup_{\forall x_j \in \Omega_i} \Phi_{x_j}) \bigcap \Omega_i \}$$

式中，Φ_{x_j} 是指在 Ω_i 中以任一像素 x_j 为中心的空间 p 近邻的集合。基于 N_{Ω_i} 的定义，代表像素间的 CL 定义如下所示：

$$\mathrm{CL}(\Omega_i) = \frac{\left| N_{\Omega_i} \right|}{p \times p \times |\Omega_i|} \quad (4\text{-}17)$$

式中，p 为代表像素的近邻窗数；$|\Omega_i|$ 为集合 Ω_i 中元素的数量。由公式（4-17）可知，CL 的范围是[0,1]，当 CL 值越接近 1，代表该像素点的彩色信息带中像素和周围邻域紧致性越高。

　　代表像素间的 DL 定义如下：

$$\mathrm{DL}(\Omega_i) = \begin{cases} \dfrac{\tau_{\mathrm{local}}(\Omega_i)}{\tau_{\mathrm{global}}(\Omega_i)}, & \tau_{\mathrm{global}}(\Omega_i) \neq 0 \\ 1, & \text{其他} \end{cases} \quad (4\text{-}18)$$

式中，$\tau_{\mathrm{local}}(\Omega_i)$ 为局部离散性，采用下式构造：

$$\tau_{\mathrm{local}}(\Omega_i) = \frac{\sqrt{\sum_{x_j \in \Omega_i} \left| x_j - M_{\Omega_i} \right|^2}}{|\Omega_i|} \quad (4\text{-}19)$$

式中，$M_{\Omega_i} = \dfrac{\sum_{x_j \in \Omega_i} x_j}{|\Omega_i|}$ 为集合 Ω_i 中所有像素的颜色特征均值。$\tau_{\mathrm{global}}(\Omega_i)$ 为全局离散

性，定义如公式（4-20）所示：

$$\tau_{\text{global}}(\varOmega_i) = \frac{\sum_{x_j \in \varOmega_i} \tau_{\text{local}}(N_{\varOmega_i})}{|\varOmega_i|} \tag{4-20}$$

通过 DL 的定义可知，DL 的范围为[0,1]。当 DL 值越接近 0，可视为代表像素点的邻域像素分布在多个彩色信息带中，彩色图像整体不集中，比较离散。

综合公式（4-17）和公式（4-18），代表像素 x_i 的紧致性函数 $\text{CSC}(\varOmega_i)$ 由下式定义：

$$\text{CSC}(\varOmega_i) = \text{CL}(\varOmega_i) \times \text{DL}(\varOmega_i) \tag{4-21}$$

该颜色空间紧致性函数可以测量关键像素的颜色特征带中像素和与关键像素空间邻域像素的紧致程度。计算两个像素点 $x_a^{(r,g,b)}$ 和 $x_b^{(r,g,b)}$ 之间的相似性，定义相似性如公式（4-22）所示：

$$S(a,b) = \min_{\varOmega_i \in (\varOmega_a, \varOmega_b)} \text{CSC}(\varOmega_i) \tag{4-22}$$

使用此种方式构造相似性时，可大大减少运算复杂度。由于只需构造关键像素之间的相似度，根据这种相似度测度，可得到一个完全连通的图。为了获得代表像素的聚类结果，采用 2.1.3 小节中介绍的 NJW 算法对图中的结点进行划分。

4.2.4　算法步骤

基于萤火虫算法的半监督谱聚类图像分割算法的主要步骤如下。

输入：原始图像 I 及用户提供的标签监督信息。

步骤 1：初始化萤火虫种群，设置当前迭代次数 $t=0$。

步骤 2：对于种群中的每个个体，按照本节介绍的方法获取代表像素矩阵 $\text{Key\_pixel}^{(r,g,b)}$，构造相似性矩阵 S。

步骤 3：基于获得的相似性矩阵，采用 NJW 算法对代表像素进行聚类，获得关于代表像素的聚类结果，并将结果映射至代表的同类像素，获得单次分割结果。

步骤 4：对应每个个体，结合分割结果中监督信息像素临时类标信息 temp_label 和此部分像素的监督信息 label 计算出分割准确率指标。

步骤 5：分割准确率越高的阈值差为吸引力越高的萤火虫个体，其他个体按照 $x_j(t+1) = x_j(t) + (t\_\max-t) \cdot (\beta_{ij}(r_{ij})[x_i(t)-x_j(t)] + \alpha\varepsilon_j)$ 进行更新，向吸引力高的个体移动。

步骤 6：判断当前迭代次数 t 是否超过算法的最大迭代次数 $t\_\max$，如果超过，则跳转到步骤 7；否则，$t=t+1$，重复步骤 2~步骤 5。

步骤 7：寻找出分割准确率值最高时对应的个体，利用该个体对应的阈值差获得最终分割结果。

输出：彩色图像分割结果。

4.2.5　实验结果与讨论

为了验证本节算法的可行性和正确性，选用 Berkeley 图像库[25]中的 9 幅图像（#3063、#3096、#8068、#12003、#15088、#42049、#101027、#24063 和#238011），将提出的 semi-SC-FA 算法与 FCM 算法、Nyström 算法、半监督的模糊熵 c 均值聚类（semi-supervised fuzzy entropy c-means clustering, eSFCM）算法进行对比。各个算法的最大迭代次数均为 100，FCM 算法与 eSFCM 算法的停止迭代阈值为 10^{-5}。对分割结果进行评价的衡量指标详细介绍如下。

1）分割准确率

分割准确率指标是由被正确分类的像素总和与待分割图像中像素总和作比构成，其计算公式已经在第 3 章中给出（详见公式（3-29））。

2）变化信息

变化信息（variation of information, VOI）指标[26]是衡量实际分割结果与标准分割结果的相似性程度，计算过程中需要分别求出 I_{test} 和 I_{label} 的熵 H 值以及 I_{test} 和 I_{label} 的联合熵信息，进而评价分割结果，具体由下式计算：

$$\text{VOI}(I_{label}, I_{test}) = H(I_{label}) + H(I_{test}) - 2IH(I_{label}, I_{test}) \quad (4\text{-}23)$$

式中，$H(I_{label}) = -\sum_{i=1}^{k} \frac{|I_{label,i}|}{N} \log_2 \frac{|I_{label,i}|}{N}$；$H(I_{test})$ 为将 $H(I_{label})$ 中的 I_{label} 换成 I_{test}；$IH(I_{label}, I_{test})$ 为 I_{test} 和 I_{label} 的联合熵，具体计算如下：

$$IH(I_{label}, I_{test}) = -\sum_{i=1}^{k}\sum_{i=1}^{k} \frac{|I_{label,i} \cap I_{test,i}|}{N} \log_2 \frac{|I_{label,i} \cap I_{test,i}|}{N} \frac{|I_{test,i}|}{N} \frac{|I_{label,i}|}{N} \quad (4\text{-}24)$$

通过公式（4-23）可以看出，VOI 的值越大代表对标准分割图变化的信息量越多，实际分割图与标准分割图相差越大，分割的结果越不理想。用此指标进行评价时，算法的性能优劣是与变化信息值大小成反比的。

3）概率边缘指数

概率边缘指数（probabilistic rand index, PRI）指标[25]是以像素对 (i, j) 为单位，判断整对像素在实际分割图的类别标记（$I_{test,i}$, $I_{test,j}$）和标准分割图中像素对的类别标记（$I_{label,i}$, $I_{label,j}$）是否都被划分到同一子图内，统计被正确划分同一区域的两个像素的概率，PRI 指标也常用来评价实际分割图与标准分割图的相似程度，其公式表达如下：

$$\mathrm{PRI}\Big(I_{\text{test,}}\big\{I_{\text{label},k}\big\}\Big)=\frac{1}{C_N^2}\sum_{i,j}\Big[M\Big(I_{\text{label},i}=I_{\text{label},j}\ \&\ I_{\text{test},i}=I_{\text{test},j}\Big)$$
$$+M\Big(I_{\text{label},i}\neq I_{\text{label},j}\ \&\ I_{\text{test},i}\neq I_{\text{test},j}\Big)\Big] \tag{4-25}$$

式中，M 函数根据输入的内容返回结果 0 或 1；i 和 j 是类别。通过公式（4-25）可以看出，PRI 是 0 到 1 之间的数字，其值越接近 1，代表实际分割图越接近标准分割图。实际分割图完全一致于标准分割图时，PRI=1，此时算法性能最好。反之，实际分割结果严重偏离标准分割结果时，PRI=0，算法性能最差。

表 4-3 给出了对比算法分割结果的评价指标。从表 4-3 中统计的数据可以客观地看出，在#101027 和#15088 等个别图像上 semi-SC-FA 算法在 PRI 指标上略低于 eSFCM 算法，除了#101027 的其他图像的分割结果 VOI 指标都明显优于 eSFCM 算法、FCM 算法和 Nyström 算法，并且 semi-SC-FA 算法的整体图像分割结果的 SA 指标均值高于对比的三种算法。从表中的数据可以看出，本章提出的算法明显优于 eSFCM 算法、FCM 算法、Nyström 算法，尤其是对后两者算法。为了对比几种对比算法的分割视觉效果图，在图 4-14～图 4-17 对图像#3063、#3096、#42049 和#238011 的分割结果进行展示。

表 4-3　对比算法分割结果的评价指标

图像	FCM			Nyström			eSFCM			semi-SC-FA		
	SA	PRI	VOI	SA	PRI	VOI	SA	PRI	VOI	SA	PRI	VOI
#3063	0.66	0.69	1.64	0.59	0.61	1.86	**0.99**	0.76	1.45	**0.99**	**0.93**	0.41
#3096	0.97	0.71	1.49	0.58	0.60	1.81	0.98	0.77	1.29	**0.99**	**0.91**	0.42
#8068	**0.95**	0.70	1.54	0.58	0.60	1.90	**0.95**	0.74	1.39	0.93	**0.82**	0.87
#12003	0.66	**0.57**	2.58	0.67	0.53	2.63	0.77	**0.57**	2.45	**0.86**	0.53	**2.31**
#15088	**0.93**	**0.67**	1.93	0.62	0.53	2.21	0.92	0.66	1.86	0.90	0.62	**1.70**
#42049	0.96	0.69	1.59	0.51	0.60	1.91	0.96	**0.74**	1.42	**0.97**	0.73	**1.33**
#101027	0.80	**0.58**	2.25	0.64	0.55	2.31	**0.88**	0.56	**2.16**	0.85	0.50	2.20
#24063	0.95	0.72	1.66	0.65	0.62	1.91	**0.97**	0.73	1.68	0.94	**0.80**	**1.17**
#238011	0.81	0.70	1.69	0.71	0.57	1.97	0.95	0.69	1.79	**0.96**	**0.80**	**1.01**

（a）原始图像

（b）监督信息图

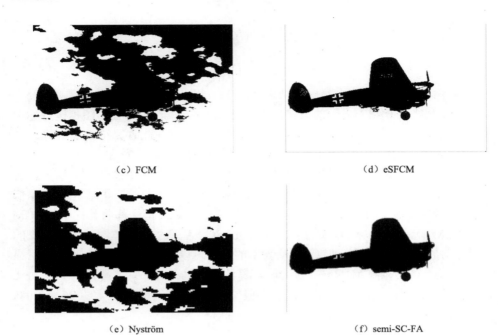

（c）FCM   （d）eSFCM

（e）Nyström   （f）semi-SC-FA

图 4-14 #3063 原始图像、监督信息图及四种对比算法的分割结果

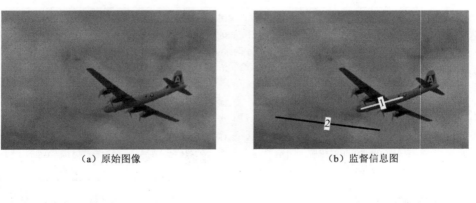

（a）原始图像   （b）监督信息图

（c）FCM   （d）eSFCM

（e）Nyström　　　　　　　　　　（f）semi-SC-FA

图 4-15　#3096 原始图像、监督信息图及四种对比算法的分割结果

（a）原始图像　　　　　　　　　　（b）监督信息图

（c）FCM　　　　　　　　　　（d）eSFCM

（e）Nyström　　　　　　　　　　（f）semi-SC-FA

图 4-16　#42049 原始图像、监督信息图及四种对比算法的分割结果

（a）原始图像　　　　　　　　　　　　（b）监督信息图

（c）FCM　　　　　　　　　　　　（d）eSFCM

（e）Nyström　　　　　　　　　　　　（f）semi-SC-FA

图 4-17　#238011 原始图像、监督信息图及四种对比算法的分割结果

　　从图 4-14～图 4-17 的分割结果上可以观察到，semi-SC-FA 算法获得的分割结果中各个类能够被准确地分割出来。尽管 eSFCM 算法的分割结果在#238011 和#3063 中都同 semi-SC-FA 算法有相同的效果且优于 Nyström 和 FCM 算法，但在#42049 的分割结果中，semi-SC-FA 算法对于图像四角上的处理要优于 eSFCM 算法。综上所述，semi-SC-FA 算法在彩色图像分割处理过程中，通过萤火虫算法获得更佳的视觉阈值差，并进一步利用获得的代表像素构造它们之间的相似性矩阵，获得理想的分割结果。

4.3　本章小结

经典的谱聚类方法用于图像分割时，容易受到图像中噪声的影响，因此仅利用像素的灰度或颜色信息很难得到满意的结果。本章首先提出一种新的基于三维特征空间的谱聚类图像分割算法，该方法通过引入空间紧致性函数来建立三维特征点之间的相似性，其次利用谱聚类算法对得到的相似性矩阵进行谱特征分解，最后利用 k 均值得到三维特征点的分类结果，进而得到图像像素点的聚类结果。该算法最大的优点就是充分利用了图像中像素的局部空间信息和非局部空间信息，对图像中噪声具有一定的鲁棒性。此外，本章还提出了基于萤火虫算法的半监督谱聚类图像分割算法，首先对图像提供监督信息，利用监督信息产生有效性函数，使用萤火虫算法对视觉阈值差进行选择，利用阈值差产生代表像素，其次对代表像素进行谱聚类，将聚类后的结果映射到整幅图像以实现分割的作用，最后使用评价指标统计仿真实验的结果，验证算法的有效性。

参 考 文 献

[1]　FOWLKES C, BELONGIE S, CHUNG F, et al. Spectral grouping using the Nyström method[J]. IEEE Transactions on Pattern Analysis and Machine Intelligence, 2004, 26(2): 214-225.

[2]　刘汉强, 赵凤. 基于空间特征的谱聚类含噪图像分割[J]. 模式识别与人工智能, 2012, 25(3): 419-425.

[3]　MACAIRE L, VANDENBROUCKE N, POSTAIRE J G. Color image segmentation by analysis of subset connectedness and color homogeneity properties[J]. Computer Vision and Image Understanding, 2006, 102(1): 105-116.

[4]　CHEN S C, ZHANG D Q. Robust image segmentation using FCM with spatial constraints based on new kernel-induced distance measure[J]. IEEE Transactions on Systems Man and Cybernetics, Part B, 2004, 34(4): 1907-1916.

[5]　AHMED M N, YAMANY S M, MOHAMED N, et al. A modified fuzzy c-means algorithm for bias field estimation and segmentation of MRI data[J]. IEEE Transactions on Medical Imaging, 2002, 21(3): 193-199.

[6]　路皓翔, 刘振丙, 张静, 等. 结合多尺度循环卷积和多聚类空间的红外图像增强[J]. 电子学报, 2022, 50(2): 415-425.

[7]　BUADES A, COLL B, MOREL J M. A non-local algorithm for image denoising[C]. IEEE Computer Society Conference on Computer Vision and Pattern Recognition, San Diego, USA, 2005, 2: 60-65.

[8]　MAHMOUDI M, SAPIRO G. Fast image and video denoising via nonlocal means of similar neighborhoods[J]. IEEE Signal Processing Letters, 2005, 12(12): 839-842.

[9]　SUN W, HAN M. Adaptive search based non-local means image de-noising[C]. Proceeding of 2nd International Congress on Image and Signal Processing, Tianjin, China, 2009: 1-4.

[10]　FIEDLER M. Algebraic connectivity of graphs[J]. Czechoslovak Mathematical Journal, 1973, 23(98): 298-305.

[11]　谢娟英, 丁丽娟, 王明钊. 基于谱聚类的无监督特征选择算法[J]. 软件学报, 2020, 31(4): 1009-1024.

[12]　NG A Y, JORDAN M I, WEISS Y. On spectral clustering: Analysis and an algorithm[C]. Proceedings of the 14th International Conference on Neural Information Processing Systems, Vancouver, Canada, 2001: 849-856.

[13] ARYA S, MOUNT D M, NETANYAHU N S, et al. An optimal algorithm for approximate nearest neighbor searching[J]. Journal of the ACM, 1998, 45(6): 891-923.

[14] SHI J, MALIK J. Normalized cuts and image segmentation[J]. IEEE Transactions on Pattern Analysis and Machine Intelligence, 2000, 22(8): 888-905.

[15] LIU H, SUN Y, SUN N, et al. Just noticeable difference color space consistency spectral clustering based on firefly algorithm for image segmentation[J]. Evolutionary Intelligence, 2021, 14(4): 1379-1388.

[16] BHURCHANDI K M, NAWGHARE P M, RAY A K. An analytical approach for sampling the RGB color space considering physiological limitations of human vision and its application to color image analysis[C]. Proceedings of Indian Conference on Computer Vision, Graphics and Image Processing, Bangalore, India, 2000: 44-49.

[17] KENNEDY J, EBERHART R. Particle swarm optimization[C]. Proceeding of International Conference on Neural Network, Perth, Australia, 1995: 1942-1948.

[18] 郭伟, 秦国选, 王磊, 等. 基于改进人工鱼群算法和 MAKLINK 图的机器人路径规划[J]. 控制与决策, 2020, 35(9): 2145-2152.

[19] EUSUFF M, LANSEY K, PASHA F. Shuffled frog-leaping algorithm: A memetic meta-heuristic for discrete optimization[J]. Engineering Optimization, 2006, 38 (2):129-154.

[20] YANG X S. Nature-Inspired Metaheuristic Algorithms: Second Edition[M]. Frome: Luniver Press, 2010.

[21] 张大力, 夏红伟, 张朝兴, 等. 改进萤火虫算法及其收敛性分析[J]. 系统工程与电子技术, 2022, 44(4): 1291-1300.

[22] YANG X S. Firefly algorithm, Lévy flights and global optimization[C]. The Twenty-ninth SGAI International Conference on Innovative Techniques and Applications of Artificial Intelligence, Cambridge, UK, 2009: 209-218.

[23] YANG X S. Multi-objective firefly algorithm for continuous optimization[J]. Engineering with Computers, 2013, 29(2): 175-184.

[24] LE D T, BUI D K, NGO T D, et al. A novel hybrid method combining electromagnetism-like mechanism and firefly algorithms for constrained design optimization of discrete truss structures[J]. Computers & Structures, 2019, 212: 20-42.

[25] ARBELAEZ P, MAIRE M, FOWLKES C C, et al. Contour detection and hierarchical image segmentation[J]. IEEE Transactions on Pattern Analysis and Machine Intelligence, 2011, 33(5): 898-916.

[26] MARINA M. Comparing clusterings by the variation of information[C]. 16th Annual Conference on Learning Theory and 7th Kernel Workshop, Washington, USA, 2003: 173-187.

第 5 章　基于模糊理论的谱聚类图像分割算法

　　将谱聚类算法应用于图像分割领域时，分割效果的好坏主要依赖于相似性度量的设计，因此相似性度量的设计是谱聚类算法中的重要环节。由于模糊集合可以更好地解释和描述人类视觉中的模糊性和不确定性，因此很多的专家学者将模糊理论应用于图像分割中，并且都能得到很好的结果。本章尝试利用模糊理论和图像像素的有效特征信息，设计合理的相似性度量方法，提出有效的基于模糊理论的谱聚类图像分割算法，提升谱聚类算法的有效性。

5.1　基于区间模糊理论的谱聚类图像分割算法

5.1.1　区间二型模糊聚类理论

　　相比于传统的经典集合理论，模糊集合理论是经典集合理论的一种引申和扩充[1]。在传统的集合中，元素的归属性是硬性的，它要么属于一个集合，要么就不属于一个集合。但是引入模糊集合之后，这个元素的归属性不是硬性的，只是以某种程度属于某个范畴，或者以不同的程度属于另外一个范畴。模糊理论是用隶属度来衡量事物的模糊程度，也可以说，隶属度就是某一元素隶属于某一区域的程度。目前，模糊理论已经应用于模式识别、计算机视觉等各种领域中，其中模糊聚类方法是模糊模式识别中应用最为广泛、最具有代表性的方法之一。

　　在许多应用领域，如果使用一般的模糊集合来进行不确定性表示，不一定能够获得满意的结果，即这些不确定性很难通过常用的（一型）模糊集合进行适当建模。由此，二型或者多型模糊集合被引出，这个概念是在 1975 年由 Zadeh[2]提出的。由于模糊集内元素的取值范围相应地发生了变化，对应的空间也扩展到三维空间，因此增强了处理不确定性和结构不良问题的能力。二型模糊集合可以对模糊集合的不确定集合进行建模。虽然其计算量较大，但使用二型模糊集合可以获得更理想的结果。随后，二型模糊集合在模式识别领域引起越来越多的研究和关注[3]。

　　区间二型模糊集合是其次隶属度值为 1 的一类特殊的二型模糊集合。它在进行计算时，直接计算主隶属度函数，而忽略了次隶属度函数的选取与计算，这样就大大减少了数据的维度，从而降低了算法复杂度，因此被广泛地应用在各个领域，尤其是模式分类和聚类中。

在传统的模糊集合中，其隶属度 $u(x)$ 是集合[0, 1]的精确值，而二型模糊集合中的每一个元素都为[0, 1]上的模糊集合，表示元素的隶属度。目前，研究者主要用两种形式的次隶属度函数。如果一个二型模糊集合的次隶属度函数是高斯型，就称这个二型模糊集合为高斯二型模糊集合；如果这个次隶属度函数是区间型模糊集合，则称二型模糊集合为区间二型模糊集合。当区间二型模糊集合中两个区间端点的隶属度值相等时，就可以表示为一型模糊集合。整体而言，二型模糊集合比一型模糊集合具备更鲁棒的性能。

5.1.2　区间模糊相似性构造

在传统的模糊聚类算法中，模糊加权指数 m 用来构造决策边界，但是 m 是单一的，当出现各种样本空间类型的数据集时，它无法得到理想的决策边界，而区间模糊理论中不止一个模糊加权指数。因此为了解决上述问题，通过区间模糊理论中的模糊加权指数来构造决策边界。不同的 m 选值对隶属度函数的影响不同，同时也会影响图像分割的结果。Hwang 等[4]提出可借助模糊加权指数 m_1 和 m_2 构造区间二型模糊集合的主隶属度函数，而次隶属度函数则通过设置所有次隶属度值为 1 进行构造。

图像的彩色直方图包含了更多的图像信息。因此，在本小节中，首先构造图像的彩色直方图，其次构造直方图中彩色特征的相似性度量，最后利用区间值模糊隶属度设计相似性度量。假设 t_j 表示彩色直方图中的第 j 个颜色特征，γ_j 表示它所对应的频率。区间二型模糊集合的上、下模糊隶属度可以优化不同的 m_1 和 m_2 对应的区间模糊目标函数（如下式所示）得到

$$J_1 = \sum_{i=1}^{c} \sum_{j=1}^{N} \gamma_j \mu_{ij}^{m_1} \left\| t_j - v_i \right\|^2 \tag{5-1}$$

$$J_2 = \sum_{i=1}^{c} \sum_{j=1}^{N} \gamma_j \mu_{ij}^{m_2} \left\| t_j - v_i \right\|^2 \tag{5-2}$$

通过最小化这两个目标函数，得到了区间模糊隶属函数的上、下两个隶属度函数：

$$\bar{\mu}_{ij} = \max \left\{ \left(\sum_{k=1}^{c} \left(\frac{d_{ij}}{d_{kj}} \right)^{\frac{2}{m_1-1}} \right)^{-1}, \left(\sum_{k=1}^{c} \left(\frac{d_{ij}}{d_{kj}} \right)^{\frac{2}{m_2-1}} \right)^{-1} \right\} \tag{5-3}$$

$$\underline{\mu}_{ij} = \min \left\{ \left(\sum_{k=1}^{c} \left(\frac{d_{ij}}{d_{kj}} \right)^{\frac{2}{m_1-1}} \right)^{-1}, \left(\sum_{k=1}^{c} \left(\frac{d_{ij}}{d_{kj}} \right)^{\frac{2}{m_2-1}} \right)^{-1} \right\} \tag{5-4}$$

式中，d_{ij} 表示颜色特征和聚类中心的欧氏距离 $\left\| t_j - v_i \right\|$；$\bar{\mu}_{ij}$ 表示第 j 个彩色特征对

第 i 个中心的上隶属程度；$\underline{\mu}_{ij}$ 表示第 j 个彩色特征对第 i 个中心的下隶属程度。模糊隶属度的差异表示区间二型模糊集合的不确定性。为了获得聚类中心的最小值和最大值，可以采用 Karnik-Mendel（KM）降型算法[5]对聚类中心进行更新。KM 降型算法是由 Karnik 和 Mendel 提出的，用于对区间二型模糊集合进行降型的迭代算法[5]，在区间二型模糊聚类中用于计算聚类中心的区间值和模糊隶属度的区间值，具体步骤可参考文献[5]～[7]。本小节对 KM 降型算法进行了改进，引入了图像的彩色直方图信息，过程中如需利用隶属度计算中心，则用下面公式计算：

$$v_i^{(s)} = \frac{\sum_{j=1}^{N} \gamma_j \mu_{ij} t_j^{(s)}}{\sum_{j=1}^{N} \gamma_j \mu_{ij}} \tag{5-5}$$

式中，s 为 R、G 或 B 某一颜色空间的彩色特征。当执行迭代算法时，根据颜色特征的每个维度计算左隶属度 μ_{ij}^{L} 和右隶属度 μ_{ij}^{R}，μ_{ij}^{L} 表示如下：

$$\mu_{ij}^{L} = \frac{\sum_{l=1}^{3} \mu_{ij}^{(l)}}{3} \tag{5-6}$$

式中，$\mu_{ij}^{(l)} = \begin{cases} \overline{\mu}_{ij}, & \text{如果 } t_j^l \text{ 使用 } \overline{\mu}_{ij} \text{ 计算 } v_i^{L} \\ \underline{\mu}_{ij}, & \text{否则} \end{cases}$。$\mu_{ij}^{R}$ 的公式为

$$\mu_{ij}^{R} = \frac{\sum_{r=1}^{3} \mu_{ij}^{(r)}}{3} \tag{5-7}$$

式中，$\mu_{ij}^{(r)} = \begin{cases} \overline{\mu}_{ij}, & \text{如果 } t_j^r \text{ 使用 } \overline{\mu}_{ij} \text{ 计算 } v_i^{R} \\ \underline{\mu}_{ij}, & \text{否则} \end{cases}$。

最后利用公式（5-8）得到降型后的模糊隶属度：

$$\mu_{ij} = \frac{\mu_{ij}^{R} + \mu_{ij}^{L}}{2} \tag{5-8}$$

在一定的模糊因子 m_1 和 m_2 下，隶属度反映了所有原型的颜色特征的相对贴近度。利用该隶属度矩阵，通过聚类原型判断颜色特征之间的关系，进而构造出用于谱聚类的区间模糊相似性矩阵。S_{ij} 代表第 i 和 j 列颜色特征之间的相似性，如下式表示：

$$S_{ij} = \max\left(\left\{ \min\left(\mu_{li}, \mu_{lj} \right) \right\}_{l=1,2,\cdots,c} \right) \tag{5-9}$$

5.1.3 算法主要步骤

下面对基于区间模糊理论的谱聚类（interval fuzzy theory-based spectral clustering, IFSC）[8,9]算法的步骤进行介绍。

输入：待分割处理的图像 I、聚类数目 c、模糊系数 $m=2$、初始化中心、参数 m_1 和 m_2。

步骤 1：读入图像 I，计算图像的彩色直方图，直方图中用 γ_j 表示第 j 个彩色特征出现的频率。

步骤 2：基于给定的参数 m_1 和 m_2，利用公式（5-3）和公式（5-4）计算上、下隶属度，并通过改进的 KM 降型算法迭代计算聚类中心的区间值和模糊隶属度的区间值，并依据公式（5-8）最终得到降型后的模糊隶属度。

步骤 3：利用公式（5-9）计算谱聚类区间模糊相似性矩阵 S，并根据该矩阵计算对应的拉普拉斯矩阵 L。

步骤 4：对拉普拉斯矩阵 L 进行特征分解，将其特征向量构造为一个新的向量矩阵 $F = [f^1, f^2, \cdots, f^k]$，并归一化得到 $F_{ij} = F_{ij} / \left(\sum_j F_{ij}^2 \right)^{1/2}$。

步骤 5：将矩阵 F 中每一行的点看作样本点，利用传统的聚类算法（如 k 均值聚类算法）将其聚为 k 类，聚类划分之后所对应的每一行的划分，即为图像中第 j 个彩色特征的划分。

步骤 6：根据步骤 5 的划分结果得到输入图像最终的分割结果。

输出：图像的分割结果。

5.1.4 实验结果与讨论

为了证明该算法的正确性和有效性，从 Berkeley 图像库中选取 4 幅图像（#2009_005130、#118035、#24063 和#163014）进行对比实验。对比方法包括 FCM 算法、Nyström 算法、基于灰度的区间模糊谱聚类（gray-based interval fuzzy spectral clustering, Gray_IFSC）算法和 IFSC 算法。Nyström 算法性能容易受到相似性度量中参数 σ 的影响，因此本实验中选取比较有效的两个值 $\sigma = 50$ 和 $\sigma = 200$ 来构造 Nyström 的相似性度量。因为 Gray_IFSC 算法和 IFSC 算法中不同的参数（m_1, m_2）对分割结果的影响不同，所以在实验中选取了四组不同的参数值（[1.5, 2]、[2, 3]、[3, 5]、[5, 5]）来进行对比。图 5-1～图 5-4 分别给出了 4 幅图像的分割结果。

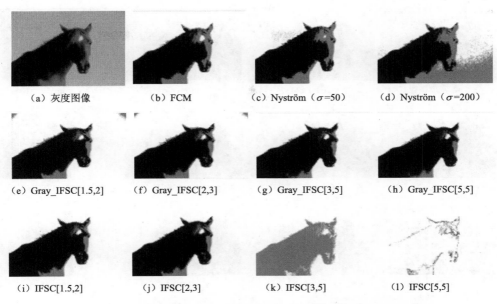

（a）灰度图像   （b）FCM   （c）Nyström（σ=50）   （d）Nyström（σ=200）

（e）Gray_IFSC[1.5,2]   （f）Gray_IFSC[2,3]   （g）Gray_IFSC[3,5]   （h）Gray_IFSC[5,5]

（i）IFSC[1.5,2]   （j）IFSC[2,3]   （k）IFSC[3,5]   （l）IFSC[5,5]

图 5-1   #2009_005130 灰度图像和对比算法图像分割结果展示

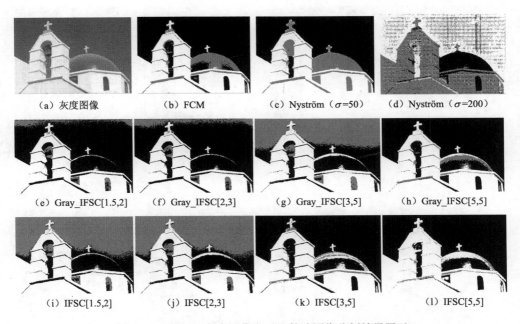

（a）灰度图像   （b）FCM   （c）Nyström（σ=50）   （d）Nyström（σ=200）

（e）Gray_IFSC[1.5,2]   （f）Gray_IFSC[2,3]   （g）Gray_IFSC[3,5]   （h）Gray_IFSC[5,5]

（i）IFSC[1.5,2]   （j）IFSC[2,3]   （k）IFSC[3,5]   （l）IFSC[5,5]

图 5-2   #118035 灰度图像和对比算法图像分割结果展示

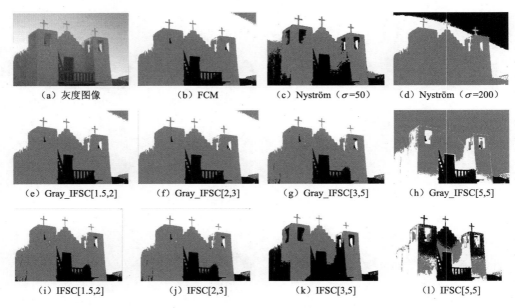

（a）灰度图像　　　（b）FCM　　　（c）Nyström（σ=50）　　　（d）Nyström（σ=200）

（e）Gray_IFSC[1.5,2]　　（f）Gray_IFSC[2,3]　　（g）Gray_IFSC[3,5]　　（h）Gray_IFSC[5,5]

（i）IFSC[1.5,2]　　（j）IFSC[2,3]　　（k）IFSC[3,5]　　（l）IFSC[5,5]

图 5-3　#24063 灰度图像和对比算法图像分割结果展示

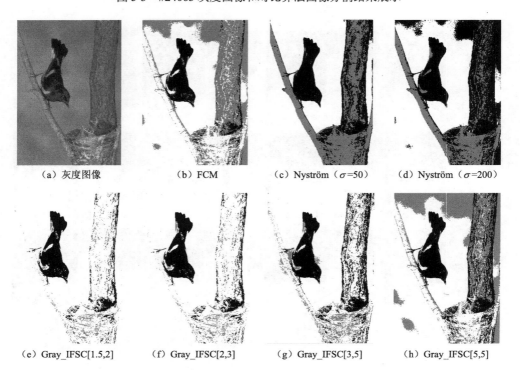

（a）灰度图像　　　（b）FCM　　　（c）Nyström（σ=50）　　　（d）Nyström（σ=200）

（e）Gray_IFSC[1.5,2]　　（f）Gray_IFSC[2,3]　　（g）Gray_IFSC[3,5]　　（h）Gray_IFSC[5,5]

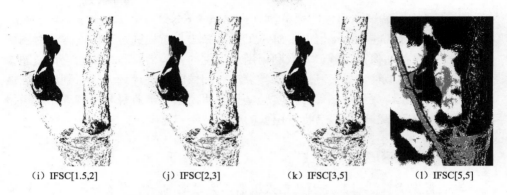

　　（i）IFSC[1.5,2]　　　　　（j）IFSC[2,3]　　　　　（k）IFSC[3,5]　　　　　（l）IFSC[5,5]

图 5-4　#163014 灰度图像和对比算法图像分割结果展示

　　从图 5-1～图 5-4 的分割结果对比实验中可以看出，Gray_IFSC 算法、FCM 算法和 Nyström 算法获得的分割结果中，错分像素比较多，并且 Nyström 算法在不同的参数 σ 下获得的分割结果各不相同。在#118035 图像的分割结果中，Nyström 算法得到的分割结果的屋顶十字架有错分；FCM 算法在#24063 上获得的分割结果中，背景右上角有明显的错分，而 Gray_IFSC 和 IFSC 算法在模糊参数组合[3, 5]下获得的分割结果背景明确，错分像素少。此外，由于采用了彩色直方图，IFSC 算法的结果比仅采用灰度直方图信息分割的结果更好。表 5-1 中给出了 4 幅图像使用 FCM 算法、Nyström 算法、Gray_IFSC 算法和 IFSC 算法（参数[m_1、m_2]取值为[3,5]）的运行时间（时间单位为 s），经过对比明显可以得出 IFSC 算法的运行时间是可以接受的。IFSC 算法由于引入了区间模糊隶属度构造相似性测度，更好地处理了图像细节的划分，从而得到了比较理想的分割结果。

表 5-1　FCM 算法、Nyström 算法、Gray_IFSC 算法和 IFSC 算法的运行时间对比　（单位：s）

图像	FCM	Nyström	Gray_IFSC	IFSC
#2009_005130	0.7491	3.0614	1.6970	2.8293
#118035	0.8460	2.2323	1.5911	1.3566
#24063	0.7276	2.4942	1.5647	1.2898
#163014	1.2959	2.7077	1.5836	1.2856

5.2　基于半监督和模糊理论的谱聚类彩色图像分割算法

　　针对谱聚类应用到图像分割时相似性矩阵的构造及存储的复杂度高和计算困难等问题，为了有效利用用户给定的先验信息和提高算法的运算速度，基于半监督和模糊理论的谱聚类彩色图像分割（semi-supervised and fuzzy-based spectral clustering color image segmentation, SFSCCIS）算法[10]首先通过超像素方法对图像进行预分割获得超像素区域，其次利用用户提供的先验信息和模糊理论构造超像素区域之间的相似性，最后利用谱聚类算法对图像区域进行划分并得到原始图像的最终分割结果。大量的图像分割实验结果表明，基于半监督和模糊理论的谱聚类彩色图像分割算法可以显著提升图像的分割精度和速度。

5.2.1　半监督的区域相似性构造

半监督聚类算法研究是近几年来机器学习领域的一个重要分支，已经被应用于多个领域中，先验知识的获取是半监督聚类算法的关键步骤，半监督聚类算法主要有基于约束的方法和基于距离的方法[11]。

为了提升算法的运算效率，基于半监督和模糊理论的谱聚类彩色图像分割算法先将图像利用简单线性迭代聚类（SLIC）算法进行预处理，得到图像的超像素区域，然后在超像素区域上利用用户给定的标记信息，得到一系列的区域标签信息。这里以原图像 I 为例，经过超像素预处理后获得了 N 个超像素区域，v_j 表示图像上第 j 个区域的代表特征，通过计算该区域内所有像素的 R、G、B 的均值获得。通过用户提供的标签信息，定义一个约束项并引入模糊聚类的目标函数中，依靠用户提供的标号或约束来指导算法，产生合适的区域模糊隶属度以便于构造基于半监督的区域相似性构造。

通过用户对图像的标记，利用标记的区域特征获得各个类的中心 $\overline{v}_i$，进而获得超像素区域 j 对中心 $\overline{v}_i$ 的模糊隶属度 $\overline{u}_{ij}$：

$$\overline{u}_{ij} = \frac{1}{\sum_{k=1}^{C}\left(\| r_j - \overline{v}_i \| / \| r_j - \overline{v}_k \|\right)^{\frac{2}{m-1}}} \tag{5-10}$$

式中，$\| r_j - \overline{v}_i \|$ 表示第 j 个区域与标记的区域获得的聚类中心 $\overline{v}_i$ 间的欧氏距离。为了获得基于半监督的区域模糊隶属度 u_{ij}，构造约束项 $|u_{ij} - \overline{u}_{ij}| \ln |u_{ij} - \overline{u}_{ij}|$，并引入 FCM 的目标函数中，利用马氏距离构造半监督目标函数：

$$J(U,V) = \sum_{i=1}^{N}\sum_{j=1}^{C} u_{ij} \| r_i - v_j \|_{\mathrm{M}}^2 + \lambda^{-1}\sum_{i=1}^{N}\sum_{j=1}^{C}(|u_{ij} - \overline{u}_{ij}| \ln |u_{ij} - \overline{u}_{ij}|) \tag{5-11}$$

式中，$\| a - b \|_{\mathrm{M}}^2$ 表示 a 和 b 之间的马氏距离，即

$$\| a - b \|_{\mathrm{M}}^2 = (a-b)^{\mathrm{T}}\Sigma^{-1}(a-b) \tag{5-12}$$

式中，Σ 是采用了马氏距离表示的样本间的协方差矩阵：

$$\Sigma = \frac{1}{N}\sum_{j=1}^{C}\sum_{k=1}^{N} u_{kj}^2 (r_k - \overline{v}_j)(r_k - \overline{v}_j)^{\mathrm{T}} \tag{5-13}$$

马氏距离是由统计学家 Mahalanobis 提出来的，它的优点在于不受量纲的影响，与原始数据的测量单位无关且可以排除变量间相关性的干扰。

通过最小化公式（5-11）对应的目标函数，可以求得聚类中心和基于半监督的模糊隶属度更新公式：

$$v_j = \frac{\sum_{i=1}^{N}(u_{ij}r_i)}{\sum_{i=1}^{N}u_{ij}} \tag{5-14}$$

$$u_{ij} = \bar{u}_{ij} + \frac{e^{-\lambda}\parallel r_i - v_j \parallel_M^2}{\sum_{k=1}^{C}e^{-\lambda}\parallel r_i - v_k \parallel_M^2}\left(1 - \sum_{k=1}^{C}\bar{u}_{ik}\right) \tag{5-15}$$

根据隶属度矩阵的原理，u_{ij} 衡量了超像素区域对于聚类中心的隶属程度。如果某两个超像素区域对于同一聚类中心的隶属度都很高，就可以认为这两个超像素区域相似程度高。为了衡量两个超像素区域间的相似程度，采用下式定义超像素区域 i 与 j 之间的相似性度量准则：

$$S_{ij} = \max(\{\min(u_{it}, u_{jt})\}_{t=1,2,\cdots,c}) \tag{5-16}$$

根据构造的基于半监督的区域模糊相似性测度，可以构造区域之间的带权无向图，因此可以采用规范切准则对该图进行划分。由于规范切准则的谱放松解位于拉普拉斯矩阵（$L = D^{-1/2}SD^{-1/2}$，D 为度矩阵）的前 k 个最大特征值对应的特征向量组成的子空间上，这样就将原问题转换成了求解矩阵的特征值和特征向量的问题。

5.2.2　算法主要步骤

下面对基于半监督和模糊理论的谱聚类彩色图像分割算法的算法步骤进行介绍。

输入：待分割的图像 I，超像素区域个数 N，用户在图像上做的标记，根据用户标记获得聚类数目 k。

步骤 1：利用 SLIC 超像素算法对输入的图像进行预处理，并提取出每个超像素区域的 RGB 平均值作为区域的代表特征。

步骤 2：根据用户在图像的标记信息获得超像素区域的半监督模糊隶属度 u_{ij}。

步骤 3：利用公式（5-16）求解得到超像素区域之间的相似性矩阵 S 并构造拉普拉斯矩阵 L。

步骤 4：利用 L 的 k 个最大特征值对应的特征向量构造矩阵并进行归一化得到新矩阵 F，其中 $F_{ij} = F_{ij}\Big/\left(\sum_j F_{ij}^2\right)^{1/2}$。

步骤 5：将 F 的每一行看成是 R^k 空间中的一个点，采用 k 均值聚类算法或其他聚类算法将其聚为 k 类，得到超像素区域的划分。

步骤 6：根据超像素区域的划分结果得到输入图像最终的分割结果。

输出：图像的分割结果。

5.2.3　实验结果与讨论

为了验证基于半监督和模糊理论的谱聚类彩色图像分割算法的正确性和有效性，选取了 Berkeley 图像库中的 4 幅图像（#3096、#238011、#118035 和#124084）进行对比实验。实验中采用 NJW 算法、FCM 算法和半监督 FCM 算法作为对比方法进行对比试验，分割结果在图 5-5～图 5-8 中给出。为了比较公平，在 NJW 算法中，使用 SLIC 超像素算法进行预处理，相似性的构造是利用 FCM 求隶属度矩阵，然后利用模糊隶属度构造近邻数为 150 的稀疏矩阵。

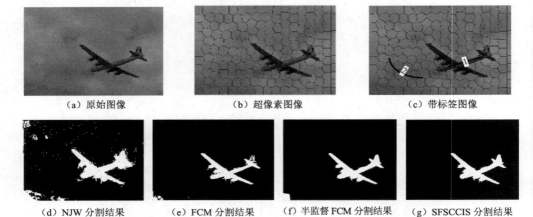

（a）原始图像　　　　　　（b）超像素图像　　　　　　（c）带标签图像

（d）NJW 分割结果　　（e）FCM 分割结果　　（f）半监督 FCM 分割结果　　（g）SFSCCIS 分割结果

图 5-5　#3096 原始图像、超像素图像、带标签图像和对比算法图像分割结果展示

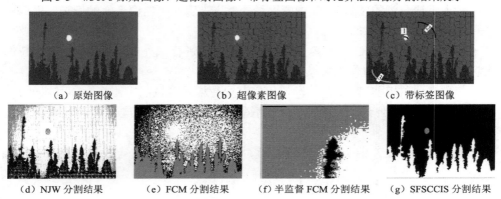

（a）原始图像　　　　　　（b）超像素图像　　　　　　（c）带标签图像

（d）NJW 分割结果　　（e）FCM 分割结果　　（f）半监督 FCM 分割结果　　（g）SFSCCIS 分割结果

图 5-6　#238011 原始图像、超像素图像、带标签图像和对比算法图像分割结果展示

（a）原始图像　　　　　　　（b）超像素图像　　　　　　　（c）带标签图像

（d）NJW 分割结果　　　（e）FCM 分割结果　　　（f）半监督 FCM 分割结果　　　（g）SFSCCIS 分割结果

图 5-7　#118035 原始图像、超像素图像、带标签图像和
对比算法图像分割结果展示

（a）原始图像　　　　　　　（b）超像素图像　　　　　　　（c）带标签图像

（d）NJW 分割结果　　　（e）FCM 分割结果　　　（f）半监督 FCM 分割结果　　　（g）SFSCCIS 分割结果

图 5-8　#124084 原始图像、超像素图像、带标签图像和
对比算法图像分割结果展示

从图 5-5～图 5-8 的分割结果中可以看出，FCM 算法和半监督 FCM 算法获得的分割结果错分区域比较多，特别是#118035 图上的屋顶和#124084 图中的花瓣。NJW 算法由于受到近邻数目的影响，分割结果都不理想。SFSCCIS 算法由于引入了 SLIC 超像素预处理机制和半监督的模糊隶属度构造相似性测度，从分割结果的整体性和准确性上都获得了比较理想的分割结果。表 5-2 中给出了 4 幅图像使用 NJW 算法、FCM 算法、半监督 FCM 算法和 SFSCCIS 算法运行时间对比，本节算法与 FCM 算法互有胜负，要优于 NJW 算法和半监督 FCM 算法。

表 5-2　NJW、FCM、半监督 FCM 和 SFSCCIS 算法运行时间对比　　（单位：s）

图像	NJW	FCM	半监督 FCM	SFSCCIS
#3096	572.716	1.0056	3.0056	2.1907
#238011	926.870	2.0564	2.5564	2.0845
#118035	712.738	1.3415	2.3415	1.0559
#124084	928.467	2.6050	3.6050	2.0613

5.3　基于鲁棒空间信息的模糊谱聚类图像分割算法

当图像被噪声污染时，由于大多数传统的分割方法仅仅考虑了图像的灰度或彩色特征，因此不能获得满意的分割结果。本书的第 3 章和第 4 章中已经对非局部空间信息进行了研究并引入谱聚类算法中，提高了谱聚类算法应用于含噪图像上的分割性能。本节介绍一种基于鲁棒空间信息的模糊谱聚类图像分割（fuzzy spectral clustering based on robust spatial information for image segmentation, FSC_RS）算法[12]，该算法将图像的鲁棒空间信息和模糊理论引入谱聚类算法中，试图在描述图像中不确定信息的同时克服谱聚类图像分割算法易受噪声影响的问题。

5.3.1　非局部权和图像的构造

众所周知，图像中的像素不仅具有灰度特征和邻域结构信息，而且还有空间位置信息。本节利用图像像素的邻域结构信息和空间位置信息构造非局部权和图像，将原图像上的分割问题转变成非局部权和图像上的分割问题。新构造的非局部权和图像 δ 中，第 i 个像素的灰度值是由原图像中第 i 个像素的邻域窗内像素加权得到的，即

$$\delta_i = \frac{\sum\limits_{j \in S_i}(W_{ij}x_j)}{\sum\limits_{j \in S_i}W_{ij}} \tag{5-17}$$

式中，x_j 为原图像中第 i 个像素的 r 像素×r 像素大小的邻域搜索窗 S_i 内的像素 j 的灰度。公式（5-17）中的权值 W_{ij} 是通过计算像素 i 与像素 j 的邻域结构相似性和空间位置来获得的，即

$$W_{ij} = \begin{cases} \mathrm{e}^{-W_{S\_ij} \times W_{N\_ij}}, & i \neq j \\ 0, & i = j \end{cases} \tag{5-18}$$

式中，W_{S_ij} 为像素之间空间位置信息的权值，其具体定义如下：

$$W_{S\_ij} = \frac{2}{r \times \max\left(|a_i - a_j|, |b_i - b_j|\right)} \tag{5-19}$$

式中，(a_i, b_i) 为第 i 个像素的空间位置。此外，W_{N_ij} 是像素间邻域结构信息的相似性权值，具体定义如下：

$$W_{N\_ij} = \frac{\left\|x(N_i) - x(N_j)\right\|^2}{h^2} \tag{5-20}$$

式中，h 为 W_{N_ij} 的非局部尺度参数；N_i 和 N_j 分别为中心位于第 i 个和第 j 个像素的 s 像素×s 像素大小的方形邻域。

5.3.2　基于灰度的模糊相似性测度

传统的谱聚类需要在执行数据聚类之前构建样本之间的相似性矩阵。将谱聚类算法应用于图像分割时，图像像素之间的相似性矩阵会很庞大，这将导致计算机存储非常困难。此外，当图像被噪声污染时，如何构建鲁棒的相似性度量也是一个值得研究的问题。因为灰度图像最多有 256 个灰度级，所以图像中的灰度级数会远小于图像的大小。依据 5.3.1 小节中获得的非局部权和图像 δ，利用图像 δ 的灰度直方图，构造一个新的基于灰度的模糊相似性度量，并用于谱聚类算法中。为了构造有效的灰度之间的模糊相似性度量，引入灰度对聚类原型的模糊隶属度，该模糊隶属度通过优化下面目标函数来获得：

$$J_m = \sum_{k=1}^{c} \sum_{i=0}^{255} \gamma_i u_{ki}^{\ m} \|i - p_k\|^2 \tag{5-21}$$

约束条件为

$$\sum_{k=1}^{c} u_{ki} = 1, \ u_{ki} \in [0,1], \ 0 \leqslant \sum_{i=0}^{255} u_{ki} \leqslant 256 \tag{5-22}$$

式中，p_k（$1 \leqslant k \leqslant c$）表示第 k 个原型；u_{ki}（$1 \leqslant k \leqslant c$，$0 \leqslant i \leqslant 255$）表示灰度级 i 相对于第 k 个原型的模糊隶属度值；γ_i 表示这个图像中灰度级数为 i 的频率，并且 $\sum_{i=0}^{255} \gamma_i = 1$；参数 m（$m>1$）表示模糊加权指数，它决定了聚类划分的模糊程度。通过最小化公式（5-21）中的目标函数，获得隶属度和聚类原型的更新公式：

$$u_{ki} = \frac{1}{\sum_{l=1}^{c} \left(\|\delta_i - p_k\|^2 / \|\delta_i - p_l\|^2\right)^{1/(m-1)}} \tag{5-23}$$

$$p_k = \frac{\sum_{i=0}^{255} \gamma_i u_{ki}^m \delta_i}{\sum_{i=0}^{255} \gamma_i u_{ki}^m} \tag{5-24}$$

通常，聚类数目 c 是手动确定的。在本节中，通过判断属于每个原型 p_k 的样本比例 pc_k 来选择最佳的 c 值。$pc\_k=|C_k|/g$，其中 C_k 是第 k 个簇，$|C_k|$ 是该簇中元素的数目。首先，从 2 到 $\lfloor\sqrt{255}\rfloor$ 遍历聚类数目，在对应聚类数目下通过公式（5-23）和公式（5-24）获得聚类隶属度和模糊聚类原型。选取样本比例 pc_k 最高的两组聚类，若其样本比例小于 ξ（参数 ξ 表示现有簇的最小样本比），将获得最佳的聚类数目 c。

在确定聚类数目 c 之后，可以获得反映灰度级与所有原型关系的隶属度矩阵 $U=\{u_{ki}\}$。基于该矩阵 U，通过判断灰度与聚类原型之间的关系，就可以构造用于谱聚类的模糊相似性矩阵 S。$S_{ij}(0\leq i,j\leq 255)$ 的定义如下：

$$S_{ij}=\max\left(\left\{\min\left(u_{ti},u_{tj}\right)\right\}_{t=1,2,\cdots,c}\right)\qquad(5\text{-}25)$$

该相似性度量方法充分考虑了图像空间信息，并且可以避免图像噪声的影响。当获得相似性矩阵时，可以利用 NJW 算法[13]来获得最终的分割结果。

5.3.3　算法步骤与复杂度分析

下面介绍基于鲁棒空间信息的模糊谱聚类图像分割算法的主要步骤。

输入：给定待分割的图像。

步骤 1：利用公式（5-17）计算原始图像的非局部加权和图像。

步骤 2：利用公式（5-23）获得新图像中灰度值的隶属度矩阵 U。

步骤 3：使用公式（5-25）构建基于灰色隶属度矩阵的相似性矩阵 S。

步骤 4：将 D 定义为对角矩阵，D_{ii} 表示矩阵 S 的第 i 行元素之和，并计算归一化的拉普拉斯矩阵 $L=D^{-1/2}SD^{-1/2}$。

步骤 5：对矩阵 L 进行稀疏特征值分解。令 $1=\lambda_1\geq\lambda_2\geq\cdots\geq\lambda_K$ 是 L 的前 K 个最大特征值，同时 $e^1,e^2,\cdots,e^K$ 是相应的特征向量，形成矩阵 $E=[e^1,e^2,\cdots,e^K]$。

步骤 6：对矩阵 E 进行规一化，获得矩阵 Y，其中 $Y_{ij}=E_{ij}\left/\left(\sum_j E_{ij}^2\right)^{1/2}\right.$。

步骤 7：将 Y 的每一行视为 R^K 中的一个点，并通过 k 均值聚类算法将它们聚类为 K 个聚类以获得灰度级的聚类结果。

步骤 8：对于输入图像的一个像素，实际分类等于其灰度的聚类结果。

输出：图像的分割结果。

由于该算法构造图像灰度值之间的相似性矩阵，假设该图像灰度级个数为 g，因此找到矩阵 S 的第 K 个特征值的复杂度为 $O(g^2K)$。此外，对于具有 N 个像素的图像，获得非局部加权和图像 δ 的复杂度是 $O(Nr^2s^2)$，其中 r 像素×r 像素是搜索窗口的大小，s 像素×s 像素是正方形相似邻域的大小。计算隶属度矩阵的复杂度是 $O(gKl)$，K 是原型的数量，l 是迭代的数量。因此，该算法的复杂度为 $O(Nr^2s^2 + gKl + g^2K)$。

5.3.4　实验结果与讨论

为了验证本节提出方法的有效性，本小节实验采用合成图像和真实图像进行测试，并且选取了 Nyström 算法[14]、自调节谱聚类（SSC）算法[15]和快速广义模糊 c 均值（FGFCM）算法[16]作为对比方法。由于 Nyström 算法需要在近似过程中采样一部分数据点，并采用合适的缩放参数来构建相似性矩阵，因此在本实验中，随机选取像素的数目为 50。此外，对于 SSC 算法，需要建立图像像素之间的稀疏相似性矩阵，以避免矩阵过大无法进行存储。因此，每个像素仅与其相邻像素构造相似关系。此外，每个像素的局部尺度参数的选择可以通过研究该像素与其第 7 个最近邻像素之间的距离来完成[15]。实验中采用分割准确率（SA）来评估各个算法的分割性能。

1. 人工合成图像实验结果

图 5-9 为人工合成图像及其对应的被不同类型噪声污染的图像。图 5-9（a）为一幅大小为 122 像素×122 像素的合成图像，该图像包括两类，对应的灰度值分别为 50 和 128。图 5-9（b）～（d）所示的图像是人为将三种类型的噪声（高斯噪声、泊松噪声和斑点噪声）分别添加到合成图像中而获得的。

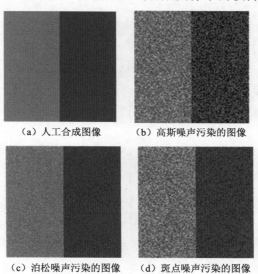

（a）人工合成图像　　　　（b）高斯噪声污染的图像

（c）泊松噪声污染的图像　　　（d）斑点噪声污染的图像

图 5-9　人工合成图像及其对应的被不同类型噪声污染的图像

1）参数分析

在 FSC_RS 方法中，有四个重要参数：非局部尺度参数 h、搜索窗口大小 r 像素 $\times r$ 像素、正方形相似邻域大小 s 像素 $\times s$ 像素和样本比例参数 ξ。下面以上述三幅被不同类型噪声污染的图像为例，对这些参数进行分析。

参数 h 控制公式（5-20）中权值函数的衰减。因此，首先讨论参数 h 对 FSC_RS 算法性能的影响。在这个实验中，设定 $r = 21$、$s = 7$ 和 $\xi = 0.05$，并从集合 $\{5, 8, 11, \cdots, 55\}$ 中选取 h 的值并考察其对 FSC_RS 算法性能的影响。FSC_RS 算法在图像上的每个 h 下独立运行 10 次。图 5-10 给出了非局部尺度参数 h 对 FSC_RS 算法的分割性能影响。从这三条曲线可以发现，对于被高斯噪声和斑点噪声污染的图像，FSC_RS 算法在 h 值比较小时无法获得令人满意的结果。此外，对于对高斯噪声和斑点噪声污染的图像，当 $h>45$ 时，FSC_RS 算法的性能随着 h 的增加略微下降。对于被泊松噪声污染的图像，FSC_RS 算法在绝大多数 h 下都可以获得正确的分割结果。综上所述，h 在 30 左右时，FSC_RS 算法可以在含噪图像上获得理想的分割结果。

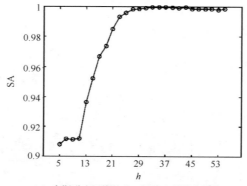

（a）高斯噪声污染的人工图像上的性能曲线

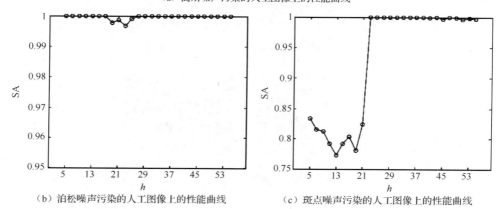

（b）泊松噪声污染的人工图像上的性能曲线　　（c）斑点噪声污染的人工图像上的性能曲线

图 5-10　非局部尺度参数 h 对 FSC_RS 算法的分割性能影响

图 5-11 给出了 FSC_RS 算法在不同搜索窗口大小 r 像素×r 像素和正方形相似邻域大小 s 像素×s 像素下的 SA 曲线。此时，参数 $h=30$，$\xi=0.05$，r 和 s 分别从集合{5, 9,…, 29}和{3, 5,…, 13}中选取。FSC_RS 算法在每对（r,s）组合下独立运行 10 次。在所有的分割结果中，特别是对于泊松噪声污染的图像，FSC_RS 算法在每对（r,s）下都能完全准确地分割图像。这是因为对 FSC_RS 算法来说，在 $h=30$ 时，泊松噪声很容易被去除，因此分割结果非常理想。从图 5-11（a）中被高斯噪声污染的人工图像分割实验结果可以看出，当 $r \geqslant 25$ 时，FSC_RS 算法的 SA 曲线相对于 r 的变化趋势是单调增加且相对平滑的。从图 5-11（c）中可以发现，对于斑点噪声，当 $s=3$，FSC_RS 算法的性能是不稳定的。其他值情况下，$r \geqslant 21$ 后的 FSC_RS 算法性能是令人满意的。总体来说，在 FSC_RS 算法中，参数 r 和 s 不能被设置得太小，因此在接下来的分割实验中，FSC_RS 算法的参数被设置为 $r=25$ 和 $s=5$。

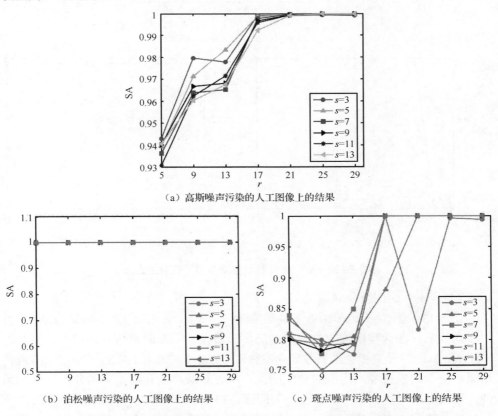

（a）高斯噪声污染的人工图像上的结果

（b）泊松噪声污染的人工图像上的结果　　　　（c）斑点噪声污染的人工图像上的结果

图 5-11　FSC_RS 算法在不同搜索窗口大小和邻域组合下的分割准确率曲线

最后，讨论参数 ξ（在集合 {0.02, 0.04, ⋯, 0.2} 中考察）对算法性能的影响，图 5-12 给出了 FSC_RS 算法性能随参数 ξ 变化的曲线。可以从图 5-12（a）和（b）中发现，对于高斯噪声和泊松噪声污染的图像来说，当 ξ =0.02 时，FSC_RS 算法均未获得理想的分割结果。在其他取值下，FSC_RS 算法能获得理想且稳定的结果。

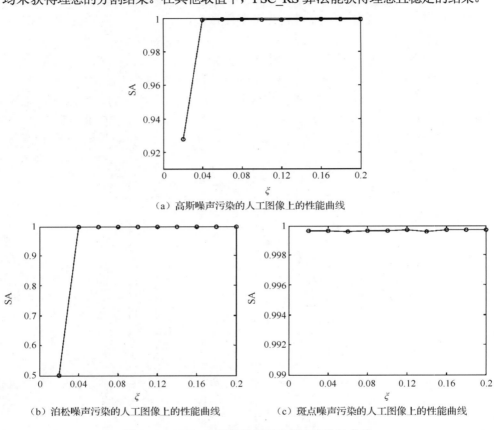

（a）高斯噪声污染的人工图像上的性能曲线

（b）泊松噪声污染的人工图像上的性能曲线　　　（c）斑点噪声污染的人工图像上的性能曲线

图 5-12　FSC_RS 算法性能随参数 ξ 变化的曲线

2）含噪合成图像分割结果

图 5-13～图 5-15 是分别被三种类型噪声污染的合成图像分割结果。表 5-3 给出了对比算法在含噪图像上的分割准确率，最佳分割准确率值以加粗形式显示。Nyström 算法的分割视觉结果及表 5-3 中其相应的 SA 值是不同随机参数中的最佳结果。对于被泊松噪声污染的合成图像，所有算法都能获得正确的分割结果。另外，对被高斯噪声和斑点噪声污染的图像，很明显 Nyström 算法是所有算法中分割性能最差的。由于 SSC 算法的分割结果中，两类边界上有许多错分像素，使得其 SA 值小于 FGFCM 算法和 FSC_RS 算法的 SA 值。对于 FGFCM 算法，采用 5

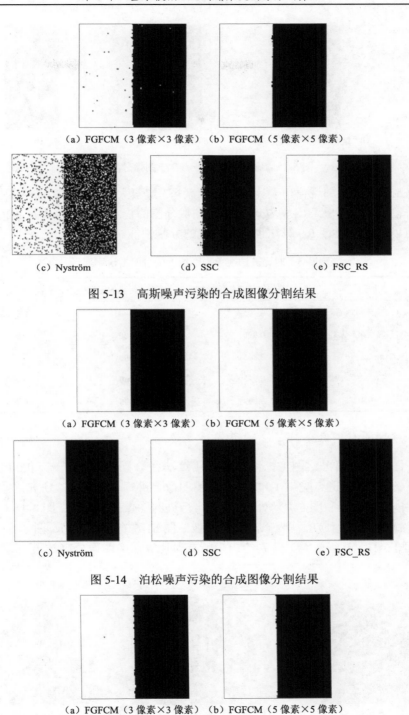

（a）FGFCM（3 像素×3 像素）　（b）FGFCM（5 像素×5 像素）

（c）Nyström　　　　　　　（d）SSC　　　　　　　（e）FSC_RS

图 5-13　高斯噪声污染的合成图像分割结果

（a）FGFCM（3 像素×3 像素）　（b）FGFCM（5 像素×5 像素）

（c）Nyström　　　　　　　（d）SSC　　　　　　　（e）FSC_RS

图 5-14　泊松噪声污染的合成图像分割结果

（a）FGFCM（3 像素×3 像素）　（b）FGFCM（5 像素×5 像素）

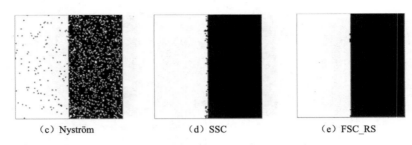

(c) Nyström　　　　　　(d) SSC　　　　　　(e) FSC_RS

图 5-15　斑点噪声污染的合成图像分割结果

像素×5 像素大小邻域窗口要比采用 3 像素×3 像素大小邻域窗口时性能更优，但是其分割性能比 FSC_RS 算法略差。从图像分割的视觉效果和表中展示的分割准确率可以看出，FSC_RS 算法也获得更优的分割性能。

表 5-3　对比算法在含噪图像上的分割准确率展示

算法	高斯噪声污染的图像	泊松噪声污染的图像	斑点噪声污染的图像
FGFCM（3 像素×3 像素）	0.9959	**1.0000**	0.9982
FGFCM（5 像素×5 像素）	0.9991	**1.0000**	0.9991
Nyström	0.8451	**1.0000**	0.9177
SSC	0.9950	**1.0000**	0.9964
FSC_RS	**0.9997**	1.0000	**0.9993**

2. 含噪自然图像分割

下面选取一幅自然图像，将四种对比算法在分别被高斯噪声（0,0.005）、泊松噪声（0.02）和斑点噪声（0.01）污染的图像上进行分割实验，研究这些方法的分割性能。图 5-16～图 5-18 给出了被噪声污染的图像分割结果。图 5-16～图 5-18 中的（a）图都是对应的被噪声污染的图像。图 5-16（b）～（f）、图 5-17（b）～（f）和图 5-18（b）～（f）分别给出了所有对比算法的图像分割结果。

（a）噪声图像　　　　　（b）FGFCM（3 像素×3 像素）　　　　　（c）FGFCM（5 像素×5 像素）

（d）Nyström　　　　　　　　（e）SSC　　　　　　　　（f）FSC_RS

图 5-16　高斯噪声污染的图像分割结果

（a）噪声图像　　　（b）FGFCM（3 像素×3 像素）　　（c）FGFCM（5 像素×5 像素）

  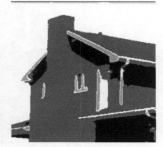

（d）Nyström　　　　　　　　（e）SSC　　　　　　　　（f）FSC_RS

图 5-17　泊松噪声污染的图像分割结果

（a）噪声图像　　　（b）FGFCM（3 像素×3 像素）　　（c）FGFCM（5 像素×5 像素）

（d）Nyström　　　　　　　（e）SSC　　　　　　　（f）FSC_RS

图 5-18　斑点噪声污染的图像分割结果

　　由于仅利用灰度和空间位置，Nyström 算法对图像噪声缺乏足够的鲁棒性，无法获得令人满意的分割结果。在 SSC 算法中，相似性矩阵通过空间位置信息进行稀疏化，因此图像中相邻区域内的像素被分为一类，边界和细节丢失比较严重。FGFCM 算法和 FSC_RS 算法的分割结果均优于这两种方法。采用 3 像素×3 像素大小邻域窗口的 FGFCM 算法获得的结果没有较好地滤除噪声，比采用 5 像素×5 像素大小邻域窗口的 FSC_RS 算法和 FGFCM 算法分割性能差。对于采用 5 像素×5 像素大小邻域窗口的 FGFCM 算法，原图像中的边缘位置上的像素有一些被错分。综合对比视觉分割结果，FSC_RS 算法在这些被不同噪声污染的图像上均获得了令人满意的分割结果。

　　3. 合成孔径雷达图像分割

　　下面采用三幅 SAR 图像进一步检查算法的有效性，三幅 SAR 图像分别为机场 SAR 图像、中国香港某地 SAR 图像和冰岛南部海岸 SAR 图像。图 5-19～图 5-21 分别给出三幅 SAR 图像及其分割结果。很明显可以看出，FGFCM 算法和 FSC_RS 算法分割结果的视觉效果要优于 Nyström 算法和 SSC 算法。采用 5 像素×5 像素邻域窗口的 FGFCM 算法和 FSC_RS 算法可以更好地消除噪声的影响，在 SAR 图像上获得理想的分割效果。

（a）原始图像　　　　　（b）FGFCM（3 像素×3 像素）　　　（c）FGFCM（5 像素×5 像素）

（d）Nyström 算法　　　　　（e）SSC 算法　　　　　（f）FSC_RS 算法

图 5-19　机场 SAR 图像及其分割结果

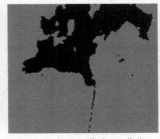
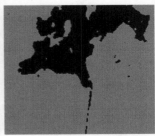

（a）原始图像　　　（b）FGFCM（3 像素×3 像素）　　　（c）FGFCM（5 像素×5 像素）

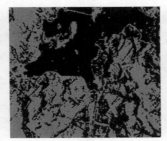
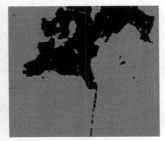

（d）Nyström 算法　　　　　（e）SSC 算法　　　　　（f）FSC_RS 算法

图 5-20　中国香港某地 SAR 图像及其分割结果

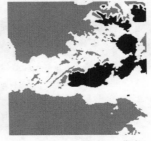

（a）原始图像　　　（b）FGFCM（3 像素×3 像素）　　　（c）FGFCM（5 像素×5 像素）

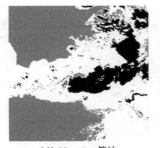

　　（d）Nyström 算法　　　　　　　　　（e）SSC 算法　　　　　　　　　（f）FSC_RS 算法

图 5-21　冰岛南部海岸 SAR 图像及其分割结果

4. Berkeley 图像分割

　　为了进一步评估比较方法的分割性能，从 Berkeley 图像库[17]中选择三幅真实图像进行分割实验，这里采用归一化概率边缘（normalized probabilistic rand, NPR）指数[18]作为评价指标。图 5-22 给出了 Berkeley 图像的分割结果，表 5-4 中给出了 Berkeley 图像上的 FGFCM 算法、Nyström 算法、SSC 算法和 FSC_RS 算法的 NPR 指数值。从图像#42049 和#167062 的结果可以看出，FGFCM 算法和 FSC_RS 算法获得了令人满意的分割结果。此外，这两个方法获得的 NPR 指数也优于 Nyström 算法和 SSC 算法。对于#238011，FGFCM 算法和 SSC 算法获得了错误的结果且对应的 NPR 指数比较低。尽管 FSC_RS 算法的 NPR 指数值略小于 Nyström 算法，但 FSC_RS 算法能够将图像中的月亮分割出来，其视觉分割结果比较理想。

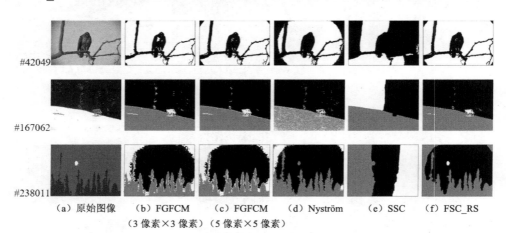

　（a）原始图像　　（b）FGFCM　　（c）FGFCM　　（d）Nyström　　（e）SSC　　（f）FSC_RS
　　　　　　　　　（3 像素×3 像素）（5 像素×5 像素）

图 5-22　Berkeley 图像的分割结果

表 5-4　Berkeley 图像上的 FGFCM 算法、Nyström 算法、
SSC 算法和 FSC_RS 算法的 NPR 指数

图像	分割数目	FGFCM（3 像素×3 像素）	FGFCM（5 像素×5 像素）	Nyström	SSC	FSC_RS
#42049	2	**0.9266**	0.9258	0.7191	0.5026	0.9184
#167062	3	0.9845	0.9867	0.9247	0.7969	**0.9892**
#238011	3	0.7889	0.7873	**0.8566**	0.4712	0.8367

5.4　本 章 小 结

本章主要针对谱聚类应用于图像分割时相似性矩阵存储和计算困难、容易受
到图像中噪声的影响等问题，将模糊理论引入进来，根据图像自身的特点，设计
有效的模糊相似性测度，提出了三种基于模糊理论的谱聚类图像分割算法。从
5.1～5.3 节中的实验结果可以看出，模糊理论的引入很好地描述了图像中的不确
定信息，图像的直方图可以很好地降低运算的数据量，体现了基于模糊理论的谱
聚类图像分割算法的有效性和良好的分割性能。

参 考 文 献

[1]　ZIMMERMANN H J. Fuzzy set theory[J]. WIREs Computational Statistics, 2010, 2(3): 317-332.

[2]　ZADEH L A. The concept of a linguistic variable and its application to approximate reasoning-I[J]. Information Sciences, 1975, 8(3): 199-249.

[3]　HUMBERTO B, FRANCISCO H, JAVIER M. Fuzzy Sets and Their Extensions Representation Aggregation and Models[M]. Berlin: Springer, 2007.

[4]　HWANG C, RHEE F C H. Uncertain fuzzy clustering: Interval type-2 fuzzy approach to c-means[J]. IEEE Transactions on Fuzzy Systems, 2007, 15(1): 107-120.

[5]　KARNIK N N, MENDEL J M. Centroid of a type-2 fuzzy set[J]. Information Sciences, 2001, 132(1): 195-220.

[6]　邱存勇. 区间二型模糊聚类算法研究及其在电力牵引监控系统中的应用[D]. 成都: 西南交通大学, 2013.

[7]　邱存勇, 肖建, 韩璐. 增强型区间二型 FCM 算法[J]. 控制与决策, 2014, 29(3): 465-469.

[8]　LIU H Q, ZHANG Q, ZHAO F. Interval fuzzy spectral clustering ensemble algorithm for color image segmentation[J]. Journal of Intelligent and Fuzzy Systems, 2018, 35(5): 5467-5476.

[9]　刘汉强, 张青. 区间模糊谱聚类图像分割方法[J]. 计算机工程与科学, 2018, 40(9): 1611-1616.

[10]　刘汉强, 赵静. 基于半监督的超像素谱聚类彩色图像分割算法[J]. 计算机工程与应用, 2018, 54(14): 186-223.

[11]　韩嵩, 韩秋弘. 半监督学习研究的述评[J]. 计算机工程与应用, 2020, 56(6): 19-27.

[12]　LIU H Q, ZHAO F, JIAO L C. Fuzzy spectral clustering with robust spatial information for image segmentation[J]. Applied Soft Computing, 2012, 12(11): 3636-3647.

[13]　NG A Y, JORDAN M I, WEISS Y. On spectral clustering: Analysis and an algorithm[C]. Proceedings of the 14th International Conference on Neural Information Processing Systems, Vancouver, Canada, 2001:849-856.

[14]　FOWLKES C, BELONGIE S, CHUNG F, et al. Spectral grouping using the Nyström method[J]. IEEE Transactions on Pattern Analysis and Machine Intelligence, 2004, 26(2): 214-225.

[15]　ZELNIK-MANOR L, PERONA P. Self-tuning spectral clustering[C]. Proceedings of Eighteenth Neural Information Processing Systems, Vancouver, Canada, 2004: 1601-1608.

[16]　CAI W, CHEN S, ZHANG D. Fast and robust fuzzy c-means clustering algorithms incorporating local information for image segmentation[J]. Pattern Recognition, 2007, 40(3): 825-838.

[17]　MARTIN D, FOWLKES C, TAL D, et al. A database of human segmented natural images and its application to evaluating segmentation algorithms and measuring ecological statistics[C]. Proceedings of Eighth IEEE International Conference on Computer Vision, Vancouver, Canada, 2001:416-423.

[18]　UNNIKRISHNAN R, PANTOFARU C, HEBERT M. Toward objective evaluation of image segmentation algorithms[J]. IEEE Transactions on Pattern Analysis and Machine Intelligence, 2007, 29(6):929-944.

第 6 章　基于局部相似性测度的 SAR 图像多层分割算法

由于合成孔径雷达具有分辨率高、全天候工作、有效识别伪装和穿透掩盖物的特点，已经在航空测量、航空遥感、卫星海洋观测、航天侦察等方面得到了广泛的应用，因此对其图像的应用研究也已经成为一个研究热点[1,2]。SAR 图像分割作为进行目标识别和图像解译的一种重要手段，已经成为 SAR 图像处理的重要研究内容之一。目前的 SAR 图像分割处理技术包括阈值的方法[3,4]、聚类的方法[5-7]和统计模型的方法[8,9]等。

随着各种数学理论、方法和工具的提出，许多聚类算法被应用于图像分割领域，并取得了较为满意的效果[5,10]。谱聚类算法建立在图谱理论基础之上，该类算法利用数据点间的相似性关系构造相似性矩阵，通过对该矩阵的特征向量聚类得到原始数据的聚类结果，获得了聚类准则在连续域上的全局最优解。与传统聚类算法相比，谱聚类算法不仅思想简单、易于实现，而且具有识别非高斯分布数据的能力，非常适合于许多实际问题。尽管谱聚类算法在图像分割[10]问题上取得了很好的效果，但当图像很大时，邻接矩阵就会非常庞大，相似性矩阵的存储和相应特征向量的求解是很困难的。另外，将该算法应用到 SAR 图像分割中，需要考虑 SAR 图像本身的特点，并构造合适的相似性测度。Fowlkes 等[11]为了解决谱聚类算法不易处理大规模数据的问题，提出了采用逼近技术来解决大规模数据集的 Nyström 算法，但是此算法容易受初始随机采样点和相似性测度的影响，具有一定的不稳定性。

本章针对 SAR 图像的特点，介绍一种基于局部相似性测度的 SAR 图像多层分割（local similarity measure based SAR image multilayer segmentation, LSMSIMS）算法[12]。该算法首先统计图像中每个像素点在其纹理特征空间中的局部邻接信息，设计一种基于局部相似性测度的稀疏邻接矩阵构造方法，其次根据最近邻规则对此稀疏邻接矩阵进行逐层合并，再次进行基础聚类和逐层细化实现像素点聚类，最后得到图像的分割结果。此算法既避免了邻接矩阵过大带来的存储问题，也不需要对邻接矩阵进行特征分解。

6.1　纹理图像像素间相似性的构造

研究表明，合成孔径雷达图像中包含着非常丰富的纹理信息，纹理分析是图像分析的基础，也是对 SAR 图像进行分析、融合、目标识别等基础性研究工作的基础。纹理特征提取的目的是将随机纹理或者几何纹理空间结构的差异映像为特征值的差异，国内外研究学者已经对图像纹理特征提取做了大量的研究工作，由于本章的研究重点在聚类和图像分割方法，在这里就不对纹理分析方法进行详细论述。

6.1.1　平稳小波纹理特征提取

　　基于小波分解的图像纹理特征提取方法已广泛应用于图像分割中[13-15]。小波变换是通过伸缩和平移将原始信号分解为一系列具有不同空间分辨率、不同频率特性和方向特性的子带信号，但是其在变换过程中需要采用下采样技术，使得小波变换不具有平移不变性。与经典的离散小波变换相比，平稳小波变换[16-18]具有冗余性和平移不变性，其中平移不变性对处理统计信号具有非常重要的作用。在离散平稳小波变换过程中，每一层分解都不进行 2 次抽取，对第 j 层而言，在该层中的每两个系数之间内插 $2^j - 1$ 个 0 来实现对滤波器的扩展。因此经过离散平稳小波变换后得到的逼近和细节系数矩阵与被分解的原始图像大小相同，这样更有利于处理具有统计规律的信号，非常适合纹理图像分割。在本小节中，首先对纹理图像 I 中的像素点（i, j）的 M 像素×M 像素邻域进行 l 层平稳小波变换，得到 $3l+1$ 个 M 像素×M 像素大小的频带图像，将每个频带内的系数按照如下公式计算得到像素点（i, j）的纹理特征：

$$e = \frac{1}{M^2} \sum_{m,n=1}^{M} |c(m,n)| \tag{6-1}$$

式中，$c(m, n)$ 为频带内的平稳小波系数。因此，纹理图像 I 中的每个像素点都对应一个 $3l+1$ 维的纹理特征。

6.1.2　构造依赖局部尺度参数的稀疏邻接矩阵

　　对于一幅尺寸大小为 256 像素×256 像素的图像，构造像素间的全连接邻接矩阵大小为 65536×65536。在基于谱聚类的图像分割算法中，一般会采用一定的策略来对邻接矩阵进行稀疏化。Shi 等[10]在特征邻接信息和空间邻接信息的联合模型中通过引入半径 r 来稀疏化邻接矩阵，形式如下：

$$S_{ij} = e^{-d^2(x_i, x_j)/2\sigma_X^2} \times \begin{cases} e^{-d^2(p_i, p_j)/2\sigma_P^2}, & d(p_i, p_j) < r \\ 0, & \text{其他} \end{cases} \tag{6-2}$$

式中，$d(a, b)$ 为欧氏距离；S_{ij} 为第 i 个像素点和第 j 个像素点之间的邻接值；x_i 的值为像素点 i 的纹理特征信息；p_i 为像素点 i 的空间坐标；σ_X 和 σ_P 分别为纹理特征信息和空间邻接信息的尺度参数；r 为两像素点之间的有效距离，起到了稀疏化邻接矩阵的目的。值得指出的是，因为每个像素点邻域内的点并不一定和它属于同一类，因此还有一种稀疏化的方法是通过对图像提取边缘，判断每个像素点邻域内的邻接点是否位于边缘两侧来去除其错误的邻接点。此种构造图像像素点之间邻接矩阵的方法在自然图像上取得了较好的图像分割效果，然而对于纹理图像并不合适。因为纹理图像包含了太多的纹理信息，无法在纹理图像中获得好的边缘。另外如果仅采用邻域来稀疏化邻接矩阵，还可能会把错误的邻接点包含进来，影响最终的聚类性能。因此，有效的邻接矩阵稀疏化策略对谱聚类应用到图像分割有积极的影响。

除了需要设计新的稀疏化策略，从公式（6-2）中还可以看出，数据点之间邻接关系的计算是采用同样的纹理特征信息的尺度参数 σ_X 和空间邻接信息的尺度参数 σ_P，它们的选取对分类结果会产生很大的影响。受文献[19]启发，设计了一种新的局部尺度参数构造方法。对于像素点 x_i，通过统计 x_i 附近的局部邻域信息，选取其在纹理特征空间最近的 H 个邻接点，将它们到 x_i 距离的平均值作为 x_i 的尺度参数 σ_i，即

$$\sigma_i = \frac{1}{H} \sum_{h=1}^{H} d(x_i, x_{i_h}) \qquad (6\text{-}3)$$

将 x_i 到 x_j 的距离记为 $d(x_i, x_j) / \sigma_i$，同理，从 x_j 到 x_i 的距离为 $d(x_j, x_i) / \sigma_j$。因此像素点 x_i 和 x_j 的相似性可以按照下式计算：

$$S_{ij} = e^{-d^2(x_i, x_j)/\sigma_i \sigma_j} \qquad (6\text{-}4)$$

式中，σ_i 和 σ_j 分别是采用公式（6-3）得到的 x_i 和 x_j 的局部尺度参数。这种局部尺度参数的设计方式，利用了像素点 x_i 的邻域信息，得到的局部尺度参数可以体现像素点附近的纹理特征数据的分布。因此，在纹理特征空间中，该局部尺度参数可以根据局部结构放大或收缩两个像素点之间的距离，避免了后续使用的算法对尺度参数的敏感性。

为了得到稀疏的邻接矩阵，根据 S_{ij} 的值统计每个像素点最近的 t 个邻接点，邻接矩阵中只存储像素点与其邻接点之间的邻接关系。虽然采用这种稀疏化策略也会损失一定的邻接信息，但是它一方面可以把最有用的邻接信息保留下来；另一方面可以避免把无用的邻接点包含进来。因此，得到的纹理图像像素间的稀疏邻接矩阵具有局部特性。

6.2　纹理图像多层分割算法

根据构造好的纹理图像像素间的邻接矩阵 S，定义一个无向图 $G_0 = (V_0, E_0, S_0)$，其中 V_0 为顶点，即图像中的每个像素点，E_0 为图中顶点之间的边，S_0 为邻接矩阵，表示连接顶点之间边的权值。对该图中顶点的聚类算法进行合并、基础聚类和精化三个操作，图 6-1 给出了多层聚类算法示意图。

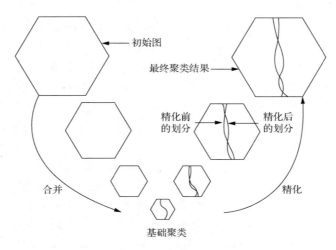

图 6-1　多层聚类算法示意图

6.2.1　逐层合并

假设初始无向图记为 $G_0=(V_0, E_0, S_0)$，采用最近邻规则对图中的结点进行合并。这里以第 i 层 G_i 为例，对于 G_i 中的任意结点 v_j 和 v_k，分别寻找与它们最近的邻接点，分别记为 v_p 和 v_q，在新的合并图 G_{i+1} 中，v_j 和 v_p 合并成新的结点 v'_r，v_k 和 v_q 合并成 v'_s。连接新结点 v'_r 和 v'_s 的权值 S'_{rs} 更新为 $S_{jk} + S_{jq} + S_{kj} + S_{kp}$。因此逐层合并就是将图 G_0 变成越来越小的图 $G_1, G_2, \cdots, G_m$，各个图中的结点数目满足 $|V_0| > |V_1| > \cdots > |V_m|$。下面为对得到的无向图逐层合并的具体步骤。

对给定的图 G_0，合并层数为 m，$i=1$。

步骤 1：对于图 G_{i-1}，初始化所有结点的合并标记：$\text{mark}(x) = 0$，以随机的顺序搜索所有的结点。

（1）对于未被标记点 x，假设 y 表示 x 的最近邻接点，即 $y \in \text{Adjncy}(x)$

如果 $\text{mark}(y) = 0$

合并 x 和 y 这两个点，$\text{Merge}(x, y)$；

$\text{mark}(x) = \text{mark}(y) = 1$；

如果 $y \in \text{Adjncy}(x)$ & $\text{mark}(y) = 1$

$\text{mark}(x) = 1$；不与任何结点合并。

（2）判断是否所有的结点都被标记，如果是，则跳到步骤 2；否则，返回步骤 1 中的（1）。

步骤 2：这一层的合并完成，得到 G_i，$i=i+1$。如果 $i \leq m$，返回步骤 1；否则，合并结束。

经过逐层合并得到新图 $G_m = (V_m, E_m, S_m)$，可以采用谱聚类算法[10]对获取的

邻接矩阵 S_m 的特征向量进行聚类，得到结点集 V_m 的聚类结果，此过程为基础聚类。

6.2.2　逐层精化

经过基础聚类之后，得到图 G_m 中各个结点的聚类结果，设 G_{i-1} 和 G_i 分别表示经过第 $i-1$ 层和 i 层合并后的图。如果 G_i 中的任意结点 v_s 的类别是 c，那么在 G_{i-1} 中形成点 v_s 的两个点 v_n 和 v_p 就被初始分到第 c 类中，这样就得到了 G_{i-1} 的一个初始聚类结果。把当前第 $i-1$ 层对应图 G_{i-1} 的邻接矩阵记为 S，度矩阵记为 D（$D_{ii} = \sum_{j=1}^{n} S_{ij}$）。为了使每一层顶点的聚类结果更加精确，采用权核 k 均值聚类算法对每层的顶点再进行一次精确聚类。

核 k 均值聚类算法就是将原空间的待分类样本映射到一个高维的特征空间（核空间）中，使得样本变得线性可分（或近似线性可分），然后在此空间中进行 k 均值聚类。权核 k 均值[20]就是在核 k 均值的基础上在每个结点上引入一个权值。假设权核 k 均值算法中核矩阵为 K，每个顶点的权重为 w，那么每个点与每类中心的距离是由下式计算得

$$d(x_i, m_c) = K_{ii} - \sum_{a_j \in \pi_c^{(t)}} 2w_j K_{ij} \bigg/ \sum_{a_j \in \pi_c^{(t)}} w_j + \sum_{a_j, a_l \in \pi_c^{(t)}} w_i w_j K_{jl} \bigg/ \left(\sum_{a_j \in \pi_c^{(t)}} w_j \right)^2 \quad (6-5)$$

式中，$\pi_c^{(t)}$ 表示第 t 次迭代时的第 c 类中的点集。根据规范切准则和权核 k 均值目标函数的等价性[21]，当 $W = D$，$K = D^{-1}SD^{-1}$ 时，可得 $d(x_i, m_c) = S_{ii}/D_{ii}^2 -$ $\sum_{x_j \in \pi_c} 2S_{ij} \bigg/ \left(D_{ii} \sum_{x_j \in \pi_c} D_{jj} \right) + \sum_{x_j, x_l \in \pi_c} S_{jl} \bigg/ \left(\sum_{x_j \in \pi_c} D_{jj} \right)^2$。鉴于公式（6-5）中的第一项对于 x_i 来说是常数，可以被进一步简化为

$$d(x_i, m_c) = \sum_{x_j, x_l \in \pi_c} S_{jl} \bigg/ \left(\sum_{x_j \in \pi_c} D_{jj} \right)^2 - \sum_{x_j \in \pi_c} 2S_{ij} \bigg/ \left(D_{ii} \sum_{x_j \in \pi_c} D_{jj} \right) \quad (6-6)$$

因此采用公式（6-6），如果 $c^*(x_i) = \arg\min_c d(x_i, m_c)$，则 x_i 的类别即修正为 $c^*(x_i)$。重复迭代直到算法收敛或者到达停止迭代次数，这是完成了对图 G_{i-1} 中顶点的精确聚类。重复这一过程，直到完成对 G_0 中结点的聚类。

6.2.3　算法主要步骤

下面给出基于局部相似性测度的 SAR 图像多层分割算法的具体步骤。

步骤 1：给定图像 I，对该图像取以每个像素点为中心，大小为 M 像素 × M 像素的矩形窗，对此矩形窗内像素进行 l 层平稳小波变换，得到每个像素点对应的 $3l+1$ 维纹理特征；

步骤 2：在此纹理特征空间中，按照 6.1.2 小节的方法计算每个像素的局部尺度参数并构造稀疏的邻接矩阵 S，其中参数 H 和 t 均为事先人为给定的；

步骤 3：对步骤 2 中得到的邻接矩阵进行逐层合并操作，然后对合并后的邻接矩阵 S' 采用谱聚类方法对结点进行基础聚类，最后进行逐层精化操作得到像素点的聚类结果；

步骤 4：输出原始图像的分割结果。

6.3　实验结果与讨论

为了验证本章算法的有效性，对人工合成纹理图像和 SAR 图像进行了仿真实验。实验中对人工合成纹理图像和 SAR 图像均采用三层平稳小波变换提取 10 个纹理特征作为像素的特征，并将该特征归一化。将本章的算法与以下两种方法进行了比较：第一种算法为 Dhillon 等[21]提出的多层算法，鉴于其使用的公式（6-2）中的空间邻接信息不适用于纹理图像邻接矩阵的构造，这里只使用纹理特征信息构造邻接矩阵，并利用半径 $r(r=7)$ 得到稀疏的邻接矩阵；第二种算法是采用逼近策略的 Nyström 算法[11]。

6.3.1　人工合成纹理图像分割

图 6-2 给出了一幅人工合成纹理图像，该图像为一幅尺寸大小为 256 像素×256 像素的合成纹理图像，图像中包含四个不同的纹理，这些纹理均来自 Brodatz 纹理库。图 6-2（b）为该人工合成纹理图像的真实分割结果。由于对图像像素的纹理特征进行了归一化，因此尺度参数的区间为[0.05, 1]，步长为 0.05。此外在区间为[6, 30]（步长为 4）内考察最近邻参数 H 对 LSMSIMS 算法的影响。图 6-3 给出了参数对三种比较方法性能的影响曲线。此外，图 6-4 给出了人工合成纹理图像的分割结果。该结果为 Dhillon 等提出的多层算法和 Nyström 算法在尺度参数下最差和最优的结果以及 LSMSIMS 算法（$H=14$）的结果。

从图 6-3 给出的参数对各个方法的性能曲线上可以看出，Dhillon 等提出的多层算法很容易受到尺度参数的影响，并且得不到满意的准确率。Nyström 算法在某些尺度参数下可以得到比较理想的结果，但是在三种比较方法中，LSMSIMS 算法获得了最优的分割性能。不管最近邻参数 H 选取何值，LSMSIMS 算法不太容易受到 H 取值的影响，分割准确率值均在 95%以上。另外从视觉分割结果（图 6-4）可以看出，Dhillon 等提出的多层算法采用的半径的稀疏策略对图像中的四类纹理进行了严重的错分，并且图像下部的两类纹理之间的边界也没有准确分割。作为谱聚类算法的 Nyström 算法，同样受到初始采样点和尺度参数的影响。该算法的结果在每类的边界上都比较清楚，但是由于初始采样点和尺度参数的选取不好确定，各类纹理中都有一些错分点。LSMSIMS 算法在同类纹理中几乎没有错分点，在图像右侧区域的两类边界上有一些点被错分了，但是去除了多层算法性能的不稳定性，对该纹理图取得了比较理想的分割结果。

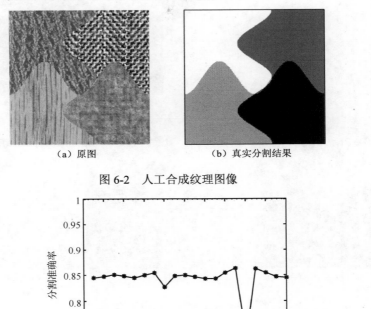

（a）原图　　　　　　　　　　（b）真实分割结果

图 6-2　人工合成纹理图像

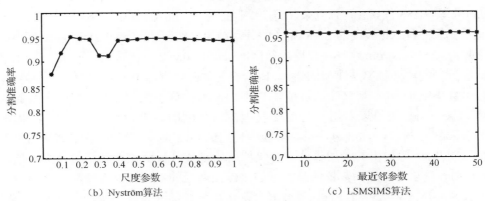

（a）Dhillon等提出的多层算法

（b）Nyström算法　　　　　　　　　　（c）LSMSIMS算法

图 6-3　参数对三种比较方法性能的影响曲线

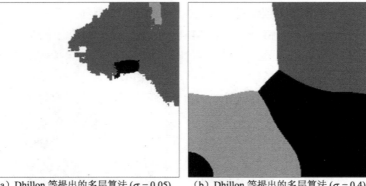

　（a）Dhillon 等提出的多层算法 ($\sigma = 0.05$)　　　（b）Dhillon 等提出的多层算法 ($\sigma = 0.4$)

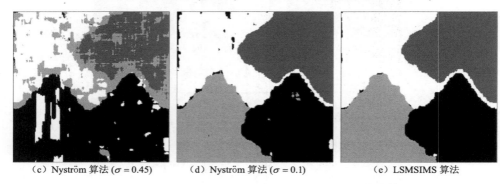

（c）Nyström 算法 ($\sigma = 0.45$)　　　（d）Nyström 算法 ($\sigma = 0.1$)　　　　（e）LSMSIMS 算法

图 6-4　人工合成纹理图像的分割结果

6.3.2　SAR 图像分割

　　为了进一步验证 LSMSIMS 算法的分割性能，本节采用三幅 Ku 波段的 SAR 图像进行实验，图 6-5（a）、图 6-6（a）和图 6-7（a）分别展示了这三幅大小为 256 像素×256 像素、背景复杂、嘈杂纹理信息多的 SAR 图像。图 6-5～图 6-7 分别给出了三幅 Ku 波段的 SAR 图像的分割结果。实验中对比了 Dhillon 等提出的多层算法与 Nyström 算法在尺度参数区间[0.001: 0.002: 1]内的结果，这里展示了此参数区间内两种算法典型的结果。因为在前面的纹理图像分割实验中已经得出，最近邻参数 H 对本章算法的性能影响不大，因此这里采用 14 作为该参数的取值。从分割结果可以看出，与前面纹理图像分割的结果相同，Dhillon 等提出的多层算法与 Nyström 算法都对实验中使用的参数敏感，得到的分割结果也不理想。Dhillon 等提出的多层算法在实验使用的参数下甚至找不到好的分割结果。Nyström 算法对尺度参数依然是敏感的，但在适当的 σ 下可以得到较为理想的结果。LSMSIMS 算法可将各种纹理较好分割出来，最终的比较结果验证了 LSMSIMS 算法的有效性。

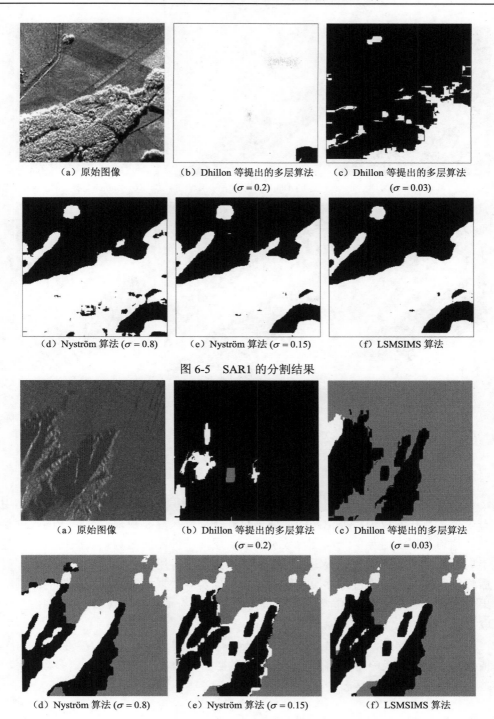

（a）原始图像　　　　（b）Dhillon 等提出的多层算法　　　（c）Dhillon 等提出的多层算法
($\sigma = 0.2$)　　　　　　　　　　($\sigma = 0.03$)

（d）Nyström 算法 ($\sigma = 0.8$)　　（e）Nyström 算法 ($\sigma = 0.15$)　　　（f）LSMSIMS 算法

图 6-5　SAR1 的分割结果

（a）原始图像　　　　（b）Dhillon 等提出的多层算法　　　（c）Dhillon 等提出的多层算法
($\sigma = 0.2$)　　　　　　　　　　($\sigma = 0.03$)

（d）Nyström 算法 ($\sigma = 0.8$)　　（e）Nyström 算法 ($\sigma = 0.15$)　　　（f）LSMSIMS 算法

图 6-6　SAR2 的分割结果

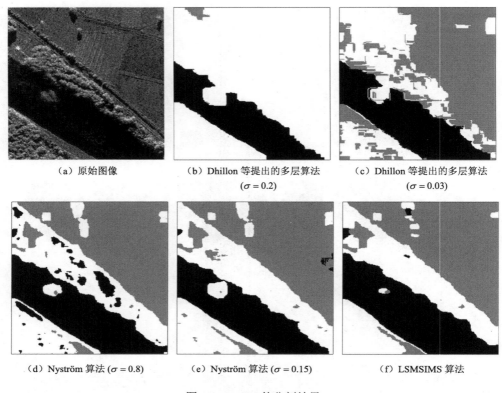

（a）原始图像　　　　　（b）Dhillon 等提出的多层算法　　　（c）Dhillon 等提出的多层算法
　　　　　　　　　　　　　　　　　（$\sigma = 0.2$）　　　　　　　　　　　　　（$\sigma = 0.03$）

（d）Nyström 算法（$\sigma = 0.8$）　　（e）Nyström 算法（$\sigma = 0.15$）　　　（f）LSMSIMS 算法

图 6-7　SAR3 的分割结果

6.4　本 章 小 结

　　本章介绍了基于局部相似性测度的 SAR 图像多层分割算法。该算法首先利用每个像素点在其纹理特征空间的邻域信息计算局部尺度参数来代替单一的尺度参数，使得该算法避免单一尺度参数对原始多层算法性能的影响。其次通过构造基于局部尺度参数的稀疏邻接矩阵，把图像像素点最有用的邻接信息保留下来。最后将此稀疏邻接矩阵进行逐层合并和逐层精化实现数据聚类，得到图像的分割结果。该算法在具有各种不同纹理、不同形状的人工合成纹理图像和 SAR 图像上均取得了较好的分割结果。

　　值得指出的是，构造局部相似性的策略需要设置最近邻参数 H。另外，构造稀疏邻接矩阵的策略中也需要设置邻接点的数目 t。如何自适应地确定参数 H 和 t是一个值得研究的问题。

参 考 文 献

[1]　孙洪, 夏桂松, 桑成伟, 等. 合成孔径雷达图像信息解译与应用技术[M]. 北京: 电子工业出版社, 2020.

[2]　尤红建, 付琨. 合成孔径雷达图像精准处理[M]. 北京: 科学出版社, 2011.

[3]　经波, 宁文怡. 基于阈值分割与决策树的 SAR 影像水体信息提取[J]. 地理空间信息, 2021, 19(3): 46-49.

[4]　ZHANG H, SONG J, QU X. A 2D maximum-entropy based self-adaptive threshold segmentation algorithm for SAR image processing[J]. Electronics Optics and Control, 2007, 14(4): 64-69.

[5]　李晓丽, 赵泉华, 李玉. 基于可变形状参数 Gamma 混合模型的区域化模糊聚类 SAR 图像分割[J]. 控制与决策, 2020, 35(7): 1639-1644.

[6]　ZOU H, ZHOU W, ZHANG L, et al. A new constrained spectral clustering for SAR image segmentation[C]. Proceeding of 2nd Asian-Pacific Conference on Synthetic Aperture Radar, Xi'an, China, 2009: 680-683.

[7]　ZHANG X R, JIAO L C, LIU F, et al. Spectral clustering ensemble applied to SAR image segmentation[J]. IEEE Transactions on Geoscience and Remote Sensing, 2008, 46(7): 2126-2136.

[8]　石雪. 空间约束混合伽马模型的 SAR 影像分割算法[J]. 遥感信息, 2022, 37(1): 70-79.

[9]　韩萍, 宋厅华. 区域筛选与多级特征判别相结合的 PolSAR 图像飞机目标检测[J]. 中国图象图形学报, 2019, 24(7): 1197-120.

[10]　SHI J, MALIK J. Normalized cuts and image segmentation[J]. IEEE Transactions on Pattern Analysis and Machine Intelligence, 2000, 22(8): 888-905.

[11]　FOWLKES C, BELONGIE S, CHUNG F, et al. Spectral grouping using the Nyström method[J]. IEEE Transactions on Pattern Analysis and Machine Intelligence, 2004, 26(2): 214-225.

[12]　LIU H Q, JIAO L C, ZHAO F. Unsupervised texture image segmentation using multilayer data condensation spectral clustering[J]. Journal of Electronic Imaging, 2010, 19: 031203.

[13]　CHARALAMPIDIS D, KASPARIS T. Wavelet-based rotational invariant roughness feature for texture classification and segmentation[J]. IEEE Transactions on Image Processing, 2002, 11(8): 825-837.

[14]　PORTER R, CANAGARAJAH N. A robust automatic clustering scheme for image segmentation using wavelets[J]. IEEE Transactions on Image Processing, 1996, 5(4): 662-665.

[15]　CHOI H, BARANIUK R G. Multiscale image segmentation using wavelet-domain hidden Markov models[J]. IEEE Transactions on Image Processing, 2001, 10(9): 1309-1321.

[16]　NASON G P, SILVERMAN B W. The stationary wavelet transform and some statistical applications[J]. Lecture Notes in Statistics, 1995, 103: 281-299.

[17]　COIFMAN R R, DONOHO D L. Translation invariant de-noising[J]. Lecture Notes in Statistics, 1995, 103: 125-150.

[18]　PESQUET J C, KRIM H. Time-invariant orthonormal wavelet representation[J]. IEEE Transactions on Signal Processing, 1996, 44(8): 1964-1970.

[19]　ZELNIK-MANOR L, PERONA P. Self-tuning spectral clustering[C]. Proceedings of Advances in Neural Information Processing Systems, Vancouver, Canada, 2004: 1601-1608.

[20]　DHILLON I, GUAN Y, KULIS B. Kernel k-means, spectral clustering and normalized cuts[C]. Proceedings of the tenth ACM SIGKDD international conference on knowledge discovery and data mining, New York, USA, 2004: 551-556.

[21]　DHILLON I, GUAN Y, KULIS B. Weighted graph cuts without eigenvectors: A multilevel approach[J]. IEEE Transactions on Pattern Analysis and Machine Intelligence, 2007, 29(11): 1944-1957.

第 7 章　免疫克隆选择图划分算法

对于图划分问题而言，求解图谱划分准则是一个 NP 难问题[1]。传统的优化算法由于本身存在一些局限性和不足，已经很难达到这样复杂问题的优化求解要求。谱聚类是一种常见的解决图谱划分的方法，它利用数据的拉普拉斯矩阵的特征向量进行聚类，获得了图谱划分准则在放松了的连续域上的全局最优解。在本书的前几章中，介绍的算法都是采用这种方式获得了图谱划分准则的谱放松解。本章试图利用免疫克隆选择算法求解图谱划分问题。

人工免疫系统是指研究借鉴、利用生物免疫系统的原理和机制发展起来的信息处理技术智能系统的统称，已在信息安全、模式识别、机器学习、数据挖掘、自动控制等领域得到了广泛的应用。免疫克隆选择算法[2]是人工免疫系统中的代表算法，是一种全局优化搜索算法。它模拟了生物学抗体克隆选择过程中的学习、记忆、抗体多样性等特性，并利用相应的算子保证了该算法能快速地收敛到全局最优解，该算法已经得到了广泛的应用[3-6]。鉴于其较强的搜索和并行处理能力，将免疫克隆选择算法引入到图谱划分问题求解中，本章主要介绍基于免疫克隆选择的图划分（immune clonal selection based graph partition, ICSGP）算法[7]和基于免疫克隆选择的半监督图划分（immune clonal selection based semi-supervised graph partition, ICS-SGP）算法[8]。

在基于免疫克隆选择的图划分算法中，把图谱划分准则作为免疫克隆选择优化算法的适应度函数。为了加速该优化算法的收敛，利用权核 k 均值算法目标函数和图谱划分准则的等价性[9]，提出了一个个体修正算子，使得个体以更快的速度向更优的方向进化。此外，通过大量实验发现，影响图划分算法性能的一个重要因素是相似性矩阵的构造。一般来说，图划分算法都是利用高斯函数构造相似性矩阵。这种构造方式仅考虑了数据的局部一致性，没有考虑数据的全局一致性。在基于免疫克隆选择的图划分算法中，引入流形距离测度[10-12]来构造相似性矩阵，缩小了位于不同流形上的数据点间的相似性，从而增大了位于同一流形上的数据点间的相似性，使得基于免疫克隆选择的图划分算法可以有效处理具有复杂结构的数据集。

鉴于基于免疫克隆选择的图划分算法是基于两点间相似关系的算法，使得利用成对限制先验信息变得非常容易。因此，基于免疫克隆选择的半监督图划分算法在构造基于流形距离的相似性矩阵时，把成对限制信息考虑进去，使得构造的相似性矩阵一方面体现了数据的全局一致性；另一方面实现了成对限制信息在样本空间的有效传播，获得了优于基于免疫克隆选择的图划分算法的性能。

7.1　人工免疫系统

7.1.1　人工免疫系统的研究背景及内容

生物免疫系统是一个高度复杂、并行、分布式、自适应和自组织的系统，由于生物免疫系统具有很强的学习、识别、记忆和特征提取的能力，因此人们希望从生物免疫系统的作用机理和功能特点着手开发出人工免疫系统（artificial immune systems，AIS），用于寻找求解工程应用中复杂问题的解决方法。人工免疫系统是模仿生物免疫系统（主要是人类的免疫系统）各种原理和机制而发展起来的一种智能方法，是各类信息处理技术、计算技术及其在工程和科学中应用而产生的各种智能系统的统称[13]。人工免疫系统发展迅速，成为继模糊逻辑、神经网络、遗传算法和进化计算之后的又一个研究热点[14]。

在人工免疫系统的发展过程中，Farmer 等[15]率先基于免疫系统的网络学说给出了免疫系统的动态模型，并对该系统与其他人工智能方法的联系进行了探讨，是具有创造性和开创性的工作。随后，Perelson[16]提出了独特型网络的概率描述方法，并讨论了独特型网络中的传输特性。Vertosick 等[17]于 1989 年讨论了免疫网络以某种方式收敛的思想，以及免疫系统可以产生不同的变异抗体来适应新环境的思想。靳蕃等[18]在我国较早指出免疫系统具有信息处理与肌体防卫功能，从工程角度来看，具有深远的影响。目前，人工免疫系统依然是一个研究热点，吸引了越来越多研究者的参与。

从工程角度而言，人工免疫系统的研究内容和范围主要包括人工免疫系统模型的研究、人工免疫系统算法的研究、其他智能策略结合的混合免疫方法研究和人工免疫系统方法的应用研究等方面。在我国，王煦法的团队较早开展了有关免疫算法方面的研究[19-21]。莫宏伟等[22]深入研究了免疫计算在数据挖掘方面的应用，并出版了人工免疫系统方面的著作[13]。焦李成的团队提出了具有较完备理论基础的免疫克隆选择算法及一系列改进算法[2-4,23-26]，并出版了有关他们在人工免疫系统理论及应用研究等方面成果的四本著作[2,27-29]。

7.1.2　人工免疫系统算法的研究

人工免疫系统领域中的几种比较有代表性的算法主要包括基于免疫特异性的否定选择算法[30]、克隆选择算法[31,32]和免疫进化算法[23,33,34]等。

最初，克隆选择学说是由 Burnet[35]于 1959 年提出的，其主要思想是抗体是天然产物，以受体的形式存在于细胞表面，抗原可以与之选择性地反应。抗原与相应抗体的反应可导致细胞分化和增殖，其中一些细胞克隆分化为抗体生成细胞，另一些形成免疫记忆细胞准备参加以后的二次免疫反应[2,36]。克隆选择机理是免疫优化计算中最常用的基础理论之一。在人工免疫系统算法的研究中，最具有代表性的是 De Castro 等[31]提出的基于克隆选择学说的克隆选择算法（clonal selection algorithm, CSA）。该算法已经被广泛用于模式识别、数据挖掘和组合优化等领域。图 7-1 给出了典型的克隆选择算法流程图。

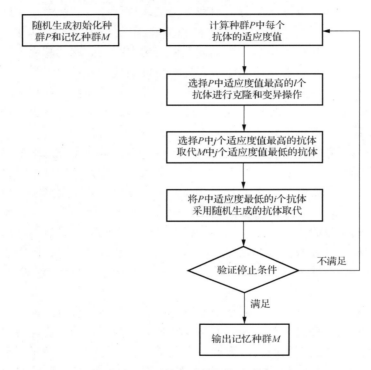

图 7-1 典型的克隆选择算法流程图

该算法通过记忆单元来记忆最优解的群体，并利用新旧抗体的替代增加了种群的多样性。然而不难发现，克隆选择算法是在一定概率条件下随机、无指导地实现的，从而有可能导致群体中的个体在进化的同时也产生了退化。在我国，焦李成的团队将克隆选择算法的进化选择方式替换为精英选择，并从免疫记忆和免疫优势等角度提出了一系列的改进算法[27]。这些算法以优化候选解集的形式构造了一种基于种群的可进化（克隆、变异和选择操作）的智能计算算法，通过使用局部特征信息以一定的强度干预全局搜索，从而使得群体的亲和度值逐渐提高。

7.1.3　人工免疫系统算法与传统进化算法的比较

人工免疫系统算法与传统进化算法都是群体搜索策略，同时搜索解空间中的一系列解，并且强调群体中个体间的信息交换。两类方法在算法结构上都要经过"产生初始种群→计算评价函数→种群间个体间信息的交互→产生新种群"这一过程，最终以较大概率获得问题的最优解。此外，二者都具有并行性，且变化规则不是确定的，具有随机性。

但是，它们之间也是有区别的。传统进化算法（如遗传算法）普遍收敛速度较慢，无法保证收敛到全局最优解。人工免疫系统算法在记忆单元基础上运行，是一种自适应的搜索机制，在其算法实现上兼顾全局搜索和局部搜索，增加了种群的多样性，确保了快速收敛于全局最优解。此外，传统进化算法只利用适应度值来选择新个体，无法保留具有多样性的个体。人工免疫系统算法则通过促进或者抑制抗体的产生，体现了免疫反应的自我调节能力，保证了个体的多样性。同时，人工免疫系统算法新抗体的产生还可以借助克隆选择、免疫记忆、疫苗接种等传统进化算法中没有的机理。

7.2　基于免疫克隆选择的图划分算法

假设给定的数据集合为 $X=\{x_1, x_2, \cdots, x_n\}$，$G=(V, E, S)$ 表示该数据集上的一个带权无向图，图上的每一个结点 $v_i \in V$ 代表特征空间中的一个数据点 x_i，$e_i \in E$ 表示连接两个结点 v_i 和 v_j 的边，边的权值为 S_{ij}。因此，原数据集合 X 上的聚类问题转化为在图 G 上的图划分问题，即将图 $G=(V, E, S)$ 划分为 k 个互不相交的子集 $\{C_1, C_2, \cdots, C_k\}$，划分后保证每个子集 C_l（$1 \leqslant l \leqslant k$）内数据点的相似程度较高，不同的集合 C_p 和 C_q（$1 \leqslant p \leqslant k, 1 \leqslant q \leqslant k, p \neq q$）之间的相似程度较低。常见的划分准则有最小切、率切和规范切等准则。

为了解决图谱划分准则的优化问题，在划分过程中引入免疫克隆选择算法，提出了基于免疫克隆选择的图划分算法。该算法利用了免疫克隆选择算法的群体搜索策略及其固有的并行性和随机性，来寻找划分问题的全局最优解。为了利用免疫克隆选择算法求解图谱划分问题，需要解决以下三个问题：①如何构造适应度函数来衡量抗体的优劣；②如何设计抗体的编码方式；③如何设计免疫算子。

在基于免疫克隆选择的图划分算法中，利用流形距离计算两点之间的相似性，公式如下：

$$S_{ij} = \frac{1}{\text{dist}_{ij} + 1} \tag{7-1}$$

式中，dist_{ij} 表示数据点 x_i 和 x_j 之间的流形距离，其定义与公式（2-6）中的 $D_M(x_i, x_j)$ 类似。

7.2.1　适应度函数

本章仅以规范切（NCut）准则为例介绍基于免疫克隆选择的图划分算法。规范切准则是在 2000 年由 Shi 等[1]提出的，该准则较好地解决了最小切准则将少数样本点孤立为一类的偏斜问题。规范切的二路划分准则定义为

$$\text{NCut}(C_1, C_2) = \frac{\text{Cut}(C_1, C_2)}{\text{degree}(C_1)} + \frac{\text{Cut}(C_1, C_2)}{\text{degree}(C_2)} \tag{7-2}$$

式中，$\text{Cut}(C_1, C_2) = \sum\limits_{v_i \in C_1, v_j \in C_2} S_{ij}$；$\text{degree}(C_1) = \text{Cut}(C_1, G)$ 表示子图 C_1 到图 G 中所有结点的权值之和。该准则通过引入容量的概念来规范化类间相关性，从而考虑了相对于类内连接强度的类间连接。研究人员将二路划分图谱准则推广到多路模式来求解多类划分问题，给出了多路规范切准则，其定义如下：

$$\text{MNCut}(C_1, C_2, \cdots, C_k) = \sum\limits_{l=1}^{k} \frac{\text{Cut}(C_l, G - C_l)}{\text{degree}(C_l)} \tag{7-3}$$

由于 $\text{Cut}(C_l, G - C_l) = \text{degree}(C_l) - \text{Cut}(C_l, C_l)$，因此多路规范切准则可以进一步化简为如下形式：

$$\max_{C_1, C_2, \cdots, C_k} \sum\limits_{l=1}^{k} \frac{\sum\limits_{x_i, x_j \in \pi_l} S_{ij}}{\sum\limits_{x_p \in \pi_l} D_{pp}} \tag{7-4}$$

因此，多路规范切准则的最小化问题转化为 $\sum\limits_{l=1}^{k} \dfrac{\sum\limits_{x_i, x_j \in \pi_l} S_{ij}}{\sum\limits_{x_p \in \pi_l} D_{pp}}$ 的最大化问题，其中度矩阵 D 为对角矩阵，其对角元素 D_{pp} 是相似性矩阵 S 的第 p 行的元素之和。

由公式（7-4）给定的多路规范切准则的等价形式可知，该等价准则越大，则聚类效果越好。因此可以借助公式（7-4）给出的等价准则来构造适应度函数。

7.2.2　编码及免疫算子设计

1. 编码方式

由图谱划分准则可知，划分的目标是获得数据集 X 的 k 个划分。这里将每个数据点的类别作为优化求得的解，认为数据集的一个划分结果就是一个抗体，每个抗体中的基因位由该数据点的归属类别确定，抗体的编码长度为数据集中数据

点的数目。因此种群中第 i 个抗体 a_i 的编码方式为

$$a_i = \{\xi_1, \xi_2, \cdots, \xi_n\} \tag{7-5}$$

式中，$\xi_l \in \{1, 2, \cdots, k\}$，其中 l 为第 l 个数据点。

2. 免疫算子设计

已知数据集的规模为 n，聚类的类别数为 k。基于免疫克隆选择的图划分算法中主要包括克隆、变异和选择三个操作算子。在这些算子的作用下，使得群体不仅能够维持多样性，防止"早熟收敛"，并且还能迅速地向可行解方向进化。

假设种群的规模为 N。抗体的克隆操作就是在适应度最高的抗体中选择 m 个抗体进行克隆，克隆规模是 N_c。传统的进化算法一般保持种群规模不变，强调了自然选择中的个体竞争。克隆操作通过最优抗体复制使得对该抗体同时进行多种操作成为可能。

抗体的变异操作是为了产生具有多样性的抗体，从而得到问题的全局最优解。变异操作就是产生 1 到 n 之间的一个随机整数，然后对其对应的基因位进行变异。由于每个基因位对应于该数据点的类别，因此产生一个 0 和 1 之间的随机数，如果该随机数小于变异概率，则该基因位就被变异为 $1 \sim k$ 的任意整数，且该整数不能和原来基因位上的数相同。

对抗体进行克隆和变异后，对得到的新抗体按照适应度值进行选择。最终选择 N 个最优抗体进入下一代中。

7.2.3　抗体修正算子设计

由于免疫克隆选择算法本身具有并行性和搜索变化的随机性，在搜索中不易陷入局部极小值且具有较快的收敛速度，最终能以概率 1 获得问题的全局最优解。然而在该算法中抗体编码长度为数据集的规模，当数据集规模很大时，问题解空间就会很大，使得算法搜索最优解的代价就比较大。因此，这里利用图谱划分准则与权核 k 均值的等价性，设计抗体修正算子来加速算法的收敛速度。

1. 图谱划分准则与权核 k 均值的等价性

Dhillon 等[9]指出权核 k 均值和图谱划分准则是具有等价性的，它们都可以转化为某个矩阵迹的最大化形式。关于各种图谱划分准则与权核 k 均值的等价性证明，读者可以参考文献[9]，本章只给出权核 k 均值与规范切准则的等价形式。

权核 k 均值[37]利用核函数将输入空间样本映射到一个高维的特征空间，并在该空间内进行聚类。通过这种核映射，使得原来线性不可分的样本在该核空间内变得线性可分或近似线性可分。下式为权核 k 均值的目标函数：

$$J_{\text{WKKM}} = \sum_{c=1}^{k} \sum_{x_i \in \pi_c} w_i \left\| \phi(x_i) - m_c \right\|^2 \tag{7-6}$$

式中，$m_c = \dfrac{\sum\limits_{x_i \in \pi_c} \left[w_i \phi(x_i) \right]}{\sum\limits_{x_i \in \pi_c} w_i}$，权值 w_i 是非负的。

这里令 s_c 为在 π_c 类中所有样本点的权值的和，即 $s_c = \sum\limits_{x_i \in \pi_c} w_i$。定义一个 $n \times k$

的矩阵 Z，其中 $Z_{ic} = \begin{cases} \dfrac{1}{s_c^{1/2}}, & \text{如果 } x_i \in \pi_c \\ 0, & \text{否则} \end{cases}$。很明显可以看出，$Z$ 的列是相互正交的。

采用 Φ 表示数据在核空间映射的矩阵，W 是权值的对角矩阵。此时矩阵 $\Phi W Z Z^{\text{T}}$ 的第 i 列等于包含 x_i 那一类样本的均值。因此，权核 k 均值的目标函数可以写为

$$J_{\text{WKKM}} = \sum_{i=1}^{n} w_i \left\| \Phi_{\cdot i} - (\Phi W Z Z^{\text{T}})_{\cdot i} \right\|^2 \tag{7-7}$$

式中，$\Phi_{\cdot i}$ 表示矩阵 Φ 的第 i 列。设置 $\tilde{Y} = W^{1/2} Z$，可以观察得到 $\tilde{Y}$ 是一个正交矩阵。因此公式（7-7）可以修改为

$$\begin{aligned} J_{\text{WKKM}} &= \sum_{i=1}^{n} w_i \left\| \Phi_{\cdot i} - (\Phi W^{1/2} \tilde{Y} \tilde{Y}^{\text{T}} W^{-1/2})_{\cdot i} \right\|^2 \\ &= \sum_{i=1}^{n} \left\| \Phi_{\cdot i} w_i^{1/2} - (\Phi W^{1/2} \tilde{Y} \tilde{Y}^{\text{T}} W^{-1/2})_{\cdot i} \right\|^2 \\ &= \left\| \Phi W^{1/2} - \Phi W^{1/2} \tilde{Y} \tilde{Y}^{\text{T}} \right\|_F^2 \end{aligned} \tag{7-8}$$

由于矩阵的迹有以下特性：$\text{tr}(A^{\text{T}} A) = \left\| A \right\|_F^2$，$\text{tr}(AB) = \text{tr}(BA)$，$\text{tr}(A + B) = \text{tr}(A) + \text{tr}(B)$。根据上述迹的性质，公式（7-8）可以写为

$$\begin{aligned} J_{\text{WKKM}} &= \text{tr}(W^{1/2} \Phi^{\text{T}} \Phi W^{1/2} - W^{1/2} \Phi^{\text{T}} \Phi W^{1/2} \tilde{Y} \tilde{Y}^{\text{T}} \\ &\quad - \tilde{Y} \tilde{Y}^{\text{T}} W^{1/2} \Phi^{\text{T}} \Phi W^{1/2} + \tilde{Y} \tilde{Y}^{\text{T}} W^{1/2} \Phi^{\text{T}} \Phi W^{1/2} \tilde{Y} \tilde{Y}^{\text{T}}) \\ &= \text{tr}(W^{1/2} \Phi^{\text{T}} \Phi W^{1/2}) - \text{tr}(\tilde{Y}^{\text{T}} W^{1/2} \Phi^{\text{T}} \Phi W^{1/2} \tilde{Y}) \end{aligned} \tag{7-9}$$

由于核矩阵 $K = \Phi^{\text{T}} \Phi$，所以公式（7-9）等号右端的第一项为常数。因此最小化权核 k 均值目标函数 J_{WKKM} 就等价于：

$$\max_{Y} \text{tr}\left(Y^{\text{T}} W^{1/2} K W^{1/2} Y \right) \tag{7-10}$$

从 7.2.1 小节对多路规范切准则的目标函数介绍可知，该目标函数的最小化形式可以转换为

$$\max \left\{ \sum_{c=1}^{k} \frac{\text{Cut}(C_l, C_l)}{\text{degree}(C_l)} = \sum_{c=1}^{k} \frac{p_c^{\text{T}} S p_c}{p_c^{\text{T}} D p_c} = \sum_{c=1}^{k} \tilde{p}_c^{\text{T}} S \tilde{p}_c \right\} \tag{7-11}$$

式中，$\tilde{p}_c = p_c/(x_c^T D x_c)^{1/2}$。定义一个 $n \times k$ 大小的正交矩阵 $Y = D^{1/2}P$，公式（7-11）可以写为

$$\max_{\tilde{Y}} \mathrm{tr}\left(\tilde{Y}^T D^{-1/2} S D^{-1/2} \tilde{Y}\right) \tag{7-12}$$

文献[9]中指出当公式（7-10）中的 W 等于公式（7-12）中的 D 时，公式（7-10）中的 Y 就等于公式（7-12）中的 $\tilde{Y}$。如果令公式（7-10）中的 K 等于 $D^{-1}SD^{-1}$，就可得出权核 k 均值目标函数的迹最大化问题等价于规范切准则的迹最大化问题，至此就得出了规范切准则与权核 k 均值算法目标函数的等价性。

2. 个体修正算子

权核 k 均值算法的框架中，在给定初始划分的基础上，一般根据每个数据点 x_i 与各个聚类中心的距离 $\|\phi(x_i) - m_c\|^2$ 来产生数据的新划分，实际上这个处理恰恰是利用了数据之间的关系来产生新的划分。为了克服提出的算法收敛过慢的缺点，受权核 k 均值算法框架处理的启发，定义一个个体修正算子，对随机产生的个体进行修正，使得个体以更快的速度向更优的方向进化。

在权核 k 均值算法中，$\|\phi(x_i) - m_c\|^2 = K_{ii} - \dfrac{2 \sum\limits_{x_j \in \pi_c} w_j K_{ij}}{\sum\limits_{x_j \in \pi_c} w_j} + \dfrac{\sum\limits_{x_j, x_l \in \pi_c} w_i w_j K_{jl}}{\left(\sum\limits_{x_j \in \pi_c} w_j\right)^2}$，根据

规范切准则和权核 k 均值目标函数的等价性，即当 $W = D$，$K = D^{-1}SD^{-1}$ 时，可得

$$\|\phi(x_i) - m_c\|^2 = \frac{S_{ii}}{D_{ii}^2} - \frac{2 \sum\limits_{x_j \in \pi_c} S_{ij}}{D_{ii} \sum\limits_{x_j \in \pi_c} D_{jj}} + \frac{\sum\limits_{x_j, x_l \in \pi_c} S_{jl}}{\left(\sum\limits_{x_j \in \pi_c} D_{jj}\right)^2} \tag{7-13}$$

由于公式（7-13）等号右端的第一项对于数据点 x_i 而言是常数，公式（7-13）可以被进一步简化为

$$\|\phi(x_i) - m_c\|^2 = \frac{\sum\limits_{x_j, x_l \in \pi_c} S_{jl}}{\left(\sum\limits_{x_j \in \pi_c} D_{jj}\right)^2} - \frac{2 \sum\limits_{x_j \in \pi_c} S_{ij}}{D_{ii} \sum\limits_{x_j \in \pi_c} D_{jj}} \tag{7-14}$$

由于种群中的个体是根据样本的类别进行编码，利用公式（7-14）计算得到的数据点 x_i 与各个聚类中心的距离，可以对个体中样本的标签进行修正，在对初始种群中的每个个体进行克隆操作之前，产生一个修正后的新个体。如果修正后的个体的适应度函数值得到了提升，则保留该个体。在免疫克隆优化迭代过程中，

对于变异后的个体，也可以进行上述操作。通过实验发现，这一操作大大加快了算法的收敛速度。

7.2.4 算法步骤及复杂度分析

基于免疫克隆选择的图划分算法的主要步骤描述如下。

步骤 1：利用公式（7-1）给出的流形距离测度计算数据点间的相似性矩阵 S，并得到度矩阵 D。

步骤 2：初始化，设定最大迭代次数 G，当前迭代次数 $g=1$。初始化种群 $A(g) = \left[a_1^{(g)}, a_2^{(g)}, \cdots, a_N^{(g)} \right]$，其中 N 为种群的大小，$a_i^{(g)}$ 利用公式（7-5）随机初始化。

步骤 3：停机判断，判断是否满足终止条件，即是否完成设定的迭代次数，若完成迭代次数，则终止迭代，确定由当前较优个体构成的种群为最优种群，转向步骤 10；否则执行步骤 4。

步骤 4：克隆，对当前的第 g 代父代种群 $A(g)$ 进行克隆操作，得到 $A'(g)$。

步骤 5：变异，对 $A'(g)$ 进行变异操作，得到 $A''(g)$。

步骤 6：计算适应度值，根据新种群中抗体表示的数据点的划分类别，利用公式（7-4）计算每个个体的适应度值。

步骤 7：选择，若存在变异后的抗体 b 可以获得所有抗体中最高的适应度值，则选择该抗体进入新的父代群体。

步骤 8：抗体修正操作，利用公式（7-14）计算每个数据点与聚类中心的距离，对该数据点进行重新归类并相应地改变对应基因位的编码。如果修正后的个体的适应度函数值大于修正前的，那么就用修正后的个体替代修正前的个体，否则保持不变。

步骤 9：$g=g+1$，转向步骤 3。

步骤 10：在最优种群中寻找最优个体，按照当前种群中每个个体计算其适应度值 Q，找到使 Q 取得最大值的个体，确定其为最终结果。

本节算法的复杂度主要是由采用的免疫克隆选择算法的复杂度决定的。不失一般性，令免疫克隆选择算法的迭代代数为 G，q 为种群规模，克隆比例为 r。在这里采用的是单克隆，主要的算子是克隆变异算子，复杂度为 $O(q)$。由此本节算法的复杂度为 $O(Gqr)$。

7.2.5　实验结果与讨论

1. 多尺度人工数据集

首先将新算法应用于 6 个人工数据集（包括 Smile、Three circles、Four lines、Two spirals、Three groups 和 Four groups seeds）的聚类问题，图 7-2 为人工数据集的视觉展示。这些人工数据都是二维的数据（第一维特征为 x_1，第二维特征为 x_2），具有不同的流形结构，能够用来考察算法对不同结构数据的聚类性能。

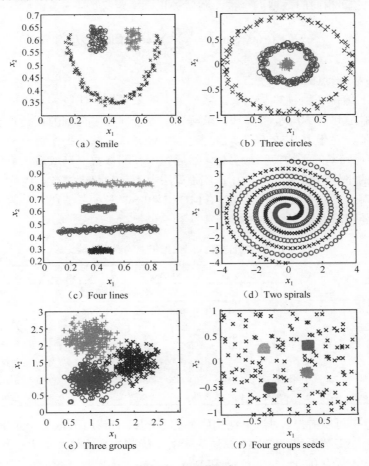

（a）Smile　　　　　　　　　　　（b）Three circles

（c）Four lines　　　　　　　　　（d）Two spirals

（e）Three groups　　　　　　　　（f）Four groups seeds

图 7-2　人工数据集

将 ICSGP 算法与 KM 算法、谱聚类（spectral clustering, SC）算法、基于流形距离的谱聚类 （manifold distance based spectral clustering, MDSC）算法[11]进行性能比较。在这些方法中，KM 算法的最大迭代次数设置为 500，停止阈值设置为

10^{-5}。谱聚类算法的参数 $2\sigma^2$ 的变化区间为 $[2^2, 2^{2.2}, \cdots, 2^{10}]$，ICSGP 算法和 MDSC 算法的收缩因子 $\rho = e^{\text{ratio}}$，ratio 的变化区间也为 $[2^2, 2^{2.2}, \cdots, 2^{10}]$，这样设置参数保证了 ICSGP 算法、MDSC 算法和 SC 算法具有同样的尺度缩放因子，确保了各个算法竞争的公平性。

　　采用聚类正确率来衡量算法的性能。假设已知聚类划分为 true = $\{C_1^{\text{true}}, C_2^{\text{true}}, \cdots, C_{k_{\text{true}}}^{\text{true}}\}$，算法获得的聚类划分为 result = $\{C_1, C_2, \cdots, C_k\}$。$\forall i \in [1, 2, \cdots, k_{\text{true}}]$，$j \in [1, 2, \cdots, k]$，用 confusion$(i, j)$ 表示已知聚类 C_i^{true} 和算法划分的聚类 C_j 之间相同的数据点个数，则聚类正确率定义如下：

$$\text{CR(true,result)} = \frac{1}{n} \sum_{i=1}^{k_{\text{true}}} \sum_{\substack{j=1 \\ i=j}}^{k} \text{confusion}(i, j) \qquad (7\text{-}15)$$

式中，n 为数据点的个数。

　　表 7-1 给出了四种算法在人工数据集上的聚类性能比较。表中展示的是每一个数据集独立运行 30 次，各算法在求解以上 6 个问题时得到的聚类正确率的平均值和最大值，对于 ICSGP 算法、SC 算法和 MDSC 算法，先在每一个参数下计算 30 次聚类正确率的平均值和最大值，然后在所有的参数下选取最优值作为算法聚类正确率的平均值和最大值。由于 KM 算法中不包含尺度参数，因此其算法性能不受其影响。图 7-3 给出了 ICSGP、MDSC 和 SC 三种算法在人工数据集上的聚类正确率随尺度参数变化的曲线。

表 7-1　四种算法在人工数据集上的聚类性能比较

人工数据集	样本数	类数	ICSGP		MDSC		SC		KM	
			平均值	最大值	平均值	最大值	平均值	最大值	平均值	最大值
Smile	266	3	1	1	0.9068	1	0.8635	1	0.7652	0.7932
Three circles	299	3	1	1	0.8844	1	0.9214	1	0.4570	0.4682
Four lines	512	4	1	1	0.8551	1	0.8578	1	0.6520	0.7129
Two spirals	378	2	1	1	1	1	1	1	0.3819	0.5079
Three groups	750	3	**0.9854**	**0.9867**	0.8952	0.9813	0.9246	0.9840	0.9742	**0.9867**
Four groups seeds	622	5	**0.9686**	**0.9727**	0.8536	0.9695	0.8435	0.8939	0.7886	0.8215

　　从表 7-1 可以看出，对流形结构明显的 Smile、Three circles、Four lines 和 Two spirals 四个人工数据集，ICSGP 算法的聚类正确率的平均值和最大值均达到了 1；对流形结构不明显的 Three groups 和 Four groups seeds 两个数据集，虽然 ICSGP 算法的聚类正确率的平均值和最大值没有达到 1，但它的聚类正确率的平均值和最大值仍是最高的，这充分说明了基于流形距离的相似性度量对复杂结构的数据聚类问题是非常有效的。从表中数据看来，采用欧氏距离的 SC 算法取得的聚类正确率的最大值与采用流形距离的 MDSC 和 ICSGP 相差无几，这是因为表中数

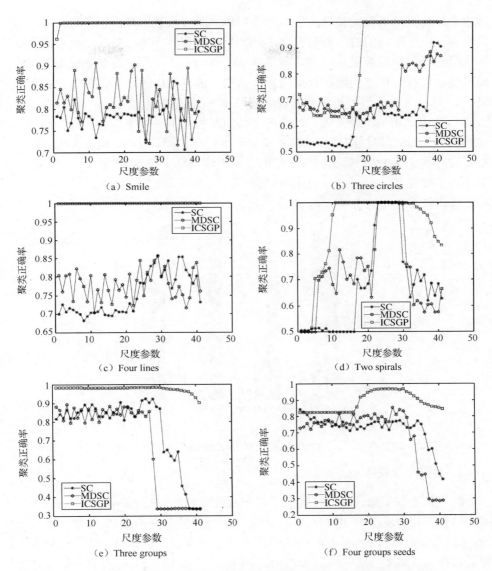

图 7-3　ICSGP 算法、MDSC 算法和 SC 算法在人工数据集上的聚类
正确率随尺度参数变化的曲线

据是所有参数下的最优值，实际上 SC 算法仅能在很少的几个参数下取得好的聚
类结果。图 7-4 给出了对于前四个具有明显流形结构的数据集，ICSGP 算法、MDSC
算法和 SC 算法聚类正确率的最大值能达到 1 的参数个数的对比情况。以 Smile
为例，MDSC 算法和 ICSGP 算法的聚类正确率的最高值分别在 41 和 40 个参数下
达到了 1，而 SC 算法仅在 8 个参数下达到 1。从图 7-3 可以看出，对于 6 个人工

数据集，ICSGP 算法的聚类正确率的平均值在所有参数下几乎都是最高的；对于具有明显流形结构的前四个数据集，MDSC 算法要优于 SC 算法，对于流形结构不明显的后两个数据集，MDSC 算法和 SC 算法不相上下，再次证明了采用流形距离的相似性度量更能反映数据的复杂结构。值得指出的是，在某些数据集下，MDSC 算法取得的聚类正确率的最大值与 ICSGP 算法相差无几，见图 7-4 中的 Smile 和 Four lines，但聚类正确率的平均值却相差很多，见图 7-3（a）和（c）。这是因为 MDSC 算法的后续处理中使用了 k 均值聚类算法，k 均值聚类算法的不稳定性导致了 MDSC 算法的聚类正确率的平均值低于 ICSGP 算法。总体说来，对于人工数据集，ICSGP 算法的性能最好，MDSC 算法次之，SC 算法再次之，KM 算法最差。

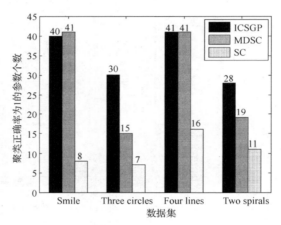

图 7-4　ICSGP 算法、MDSC 算法和 SC 算法聚类正确率为 1 的参数个数对比

2. 美国邮政服务手写体数据集

除了人工数据集，本节还选取了美国邮政服务（U.S. Postal Service, USPS）手写体数据集对算法性能进行验证。USPS 手写体数据集是由 9298 维灰度图像构成，其中包含 7291 个训练样本和 2007 个测试样本。本实验将全部测试样本作为聚类数据集，从中挑选三组较难识别的{0, 8}、{3, 5, 8}、{3, 8, 9}和一组相对容易识别的{1, 2, 3, 4}共四组数据集进行识别。对于四组数据集，SC 算法的参数 $2\sigma^2$ 的变化区间均为$[2^{-9}, 2^{-8.9}, \cdots, 2^{-5}]$，ICSGP 算法和 MDSC 算法的参数 ratio 的变化区间也作同样的设置。表 7-2 给出了四种算法在 USPS 手写体数据集上的聚类性能比较。图 7-5 给出了 USPS 手写体数据集 ICSGP 算法、MDSC 算法和 SC 算法的聚类正确率的 30 次运行平均值随尺度参数变化的曲线。

表 7-2　四种算法在 USPS 手写体数据集上的聚类性能比较

USPS 手写体数据集	样本数	类数	ICSGP		MDSC		SC		KM	
			平均值	最大值	平均值	最大值	平均值	最大值	平均值	最大值
{0, 8}	525	2	0.9717	**0.9810**	**0.9733**	0.9733	0.9429	0.9429	0.7790	0.7886
{3, 5, 8}	492	3	**0.8629**	**0.8780**	0.7228	0.8171	0.5381	0.6789	0.5340	0.6585
{3, 8, 9}	509	3	**0.9238**	**0.9312**	0.9151	0.9194	0.7682	0.7701	0.4972	0.8153
{1, 2, 3, 4}	828	4	**0.9453**	**0.9529**	0.9310	0.9324	0.6454	0.7367	0.8155	0.8732

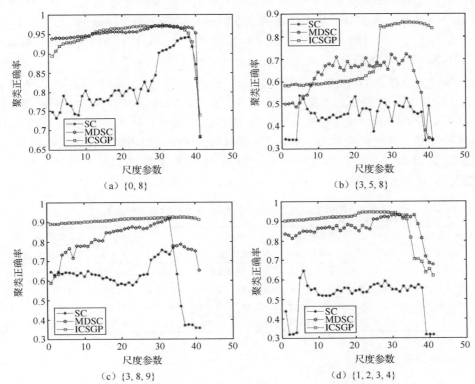

图 7-5　USPS 手写体数据集 ICSGP 算法、MDSC 算法和 SC 算法的聚类正确率随尺度参数变化的曲线

　　从表 7-2 中可以明显看出，无论对三组较难识别的{0,8}、{3,5,8}和{3,8,9}数据集，还是对相对容易识别的{1,2,3,4}数据集，ICSGP 算法的聚类正确率的最大值都是四种方法中最优的。ICSGP 算法的聚类正确率的平均值在数据集{3,5,8}、{3,8,9}和{1,2,3,4}上也是最优的。因此，实验结果表明 ICSGP 算法在实际应用问题中同样具有良好的性能。从图 7-5 可以看出，对于 USPS 手写体数据集，ICSGP 算法和 MDSC 算法能在比较宽的参数范围内取得理想的聚类结果，SC 算法在所

有参数上的结果均不理想。

3. 曼彻斯特理工大学人脸数据集

曼彻斯特理工大学（University of Manchester Institute of Science and Technology, UMIST）人脸数据集是由 20 个人在相同的光照和不同的姿态（从侧面到正面）条件下得到的，总共包含 564 张灰度图像，图像大小均为 92 像素×112 像素。为了下面实验叙述方便，对 UMIST 人脸数据集中的 20 个人按照序号排序为{1,2,…,20}。在本实验中，人脸图像下采样为 46 像素×56 像素大小，因此数据集特征的维数为 2576。从中挑选四组 5 类的数据集作为测试数据，分别为{1, 2, 3, 4, 5}、{6, 7, 8, 9, 10}、{4, 9, 12, 14, 16}和{8, 13, 14, 16, 17}。SC 算法的参数 $2\sigma^2$ 和 ICSGP 算法与 MDSC 算法的参数 ratio 的变化区间为[$2^{-8}, 2^{-7.9}, \cdots, 2^{-4}$]。表 7-3 给出了四种算法在 UMIST 人脸数据集上的聚类性能比较。从表 7-3 中可以明显看出，ICSGP 算法取得了理想的聚类正确率，表明 ICSGP 算法在人脸识别问题中同样具有良好的性能。图 7-6 给出了 ICSGP 算法、MDSC 算法和 SC 算法的聚类正确率随尺度参数变化的曲线。从图 7-6 展示的结果中可以看出，在人脸数据集上，ICSGP 算法容易受尺度参数的影响，但是 ICSGP 算法的总体性能还是要优于 MDSC 算法和 SC 算法。

表 7-3　四种算法在 UMIST 人脸数据集上的聚类性能比较

UMIST 人脸数据集	样本数	ICSGP		MDSC		SC		KM	
		平均值	最大值	平均值	最大值	平均值	最大值	平均值	最大值
{1,2,3,4,5}	149	0.7805	**0.9799**	**0.8174**	0.9530	0.7445	0.8255	0.3632	0.6644
{6,7,8,9,10}	116	**0.8647**	**0.9569**	0.7388	0.9483	0.6486	0.8103	0.4216	0.7155
{4,9,12,14,16}	134	**0.8209**	**0.8955**	0.7512	0.8284	0.7776	0.8358	0.5565	0.7836
{8,13,14,16,17}	130	**0.8162**	**0.9000**	0.7513	0.8923	0.6315	0.7462	0.5754	0.7000

4. 算法鲁棒性分析

采用文献[38]中的鲁棒性分析方法对四种算法在求解以上 14 个问题时的鲁棒性进行比较。具体地，算法 m 在某一特定数据集上的相对性能用该算法获得的聚类正确率的值 C_m 与所有算法在求解该问题时得到的最大的聚类正确率值的比值来衡量，即

$$b_m = \frac{C_m}{\max\limits_k C_k} \qquad\qquad (7\text{-}16)$$

因此，在某个数据集上表现最好的算法 m^* 的相对性能 $b_{m^*} = 1$，而其他算法的相对性能 $b_m \leqslant 1$。b_m 值越大，则算法在所有算法中的相对性能越好。因此，算法 m 在

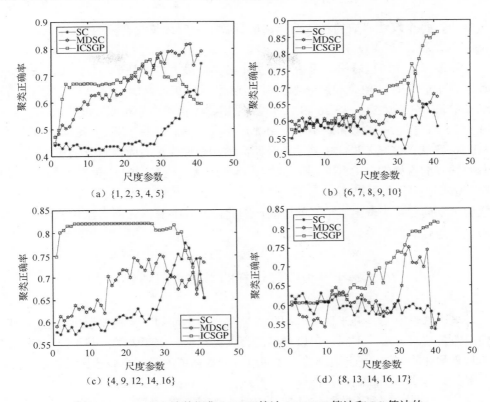

图 7-6 UMIST 人脸数据集 ICSGP 算法、MDSC 算法和 SC 算法的
聚类正确率随尺度参数变化的曲线

所有数据集上 b_m 值的总和可以用来客观评价算法的鲁棒性，总和越大，鲁棒性越好。分别针对聚类正确率的最大值和平均值，图 7-7 给出了四种算法的鲁棒性比

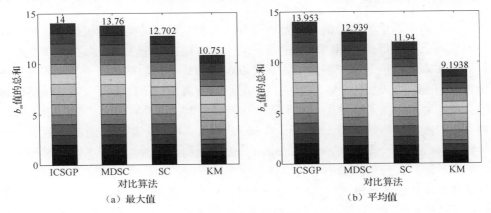

图 7-7 四种算法的鲁棒性比较结果

较结果，每个算法对应的柱状图顶部所标数值为对应算法在所有 14 个问题上的 b_m 值的总和。

从图 7-7 中可以看出，无论对聚类正确率的最大值还是平均值，ICSGP 算法均获得了最高的 b_m 值总和，分别达到了 14 和 13.953。MDSC 算法也获得了比较满意的值，分别达到了 13.76 和 12.939。采用欧氏距离作为相似性度量的 SC 算法和 KM 算法的 b_m 值总和均小于采用流形距离作为相似性度量的 ICSGP 算法和 MDSC 算法。这充分说明了基于流形距离的相似性度量对无监督分类和识别问题具有很好的鲁棒性。ICSGP 算法聚类正确率的最大值对应的 b_m 值对于测试的 14 个问题均为 1。ICSGP 算法对不同结构的人工数据聚类问题、手写体识别问题和人脸识别问题均表现出了很好的性能，因此，ICSGP 算法在所有比较的四种算法中具有最好的鲁棒性。

7.3   基于免疫克隆选择的半监督图划分算法

半监督学习[39]是介于监督学习与无监督学习之间的一种机器学习方法。根据使用监督信息方法的不同，可以将半监督聚类算法分成两大类：基于限制的方法和基于测度的方法。基于限制的方法通过标记数据或约束信息修改聚类算法本身，在聚类过程中利用限制条件指导聚类算法向一个较好的数据划分进行[40,41]。基于测度的方法是通过利用监督信息学习相似性测度函数，然后利用基于测度函数的聚类算法进行聚类[42,43]。国外学者对半监督聚类的研究开始得比较早，国内也有部分学者研究半监督聚类算法及其应用[44,45]，都取得了一定的成果。

7.3.1   成对限制先验信息

半监督学习中的先验信息主要有两种：一种是数据的类别标记信息；另一种是以成对点限制形式出现的监督信息。对于用户而言，事先得到数据的类别标记是比较困难的，但是用户的倾向往往可以表达为某两个数据是同一类，或者某两个数据不是同一类。因此，获得关于数据点是否属于或不属于同一类的限制信息将会更加容易。为了描述上述数据间的这两种限制关系，Wagstaff 等[46]引入了两种类型的成对点限制，即 must-link 和 cannot-link。其中，满足 must-link 限制的两个数据必须在同一聚类中，满足 cannot-link 限制的两个数据不能在同一聚类中。

成对限制先验信息给出的仅仅是数据间的限制，如果只利用这类限制信息容易导致聚类算法的偏斜划分[42]。为了充分利用这些成对限制信息，已有研究学者分析了这些成对限制先验信息的对称性和有限的传递性[42,45]。已知数据点 x_a、x_b 和 x_c 均属于数据集 X，must-link(x_a, x_b)=Ture 表示 x_a 和 x_b 属于同一类，cannot-link(x_a, x_b)=

Ture 表示 x_a 和 x_b 不属于同一类。此外，它们还满足：

1）对称性

must-link(x_a, x_b)=Ture $\Leftrightarrow$ must-link(x_b, x_a)=Ture

cannot-link(x_a, x_b)=Ture $\Leftrightarrow$ cannot-link(x_b, x_a)=Ture

2）传递性

must-link(x_a, x_b)=Ture&must-link(x_b, x_c)=Ture

$\Leftrightarrow$ must-link(x_a, x_c)=Ture

cannot-link(x_a, x_b)=Ture&cannot-link(x_b, x_c)=Ture

$\Leftrightarrow$ cannot-link(x_a, x_c)=Ture

一般来说，所给出的成对限制是不存在相互矛盾的情况的，即对于任意给定的数据点 x_a 和 x_b，must-link(x_a, x_b)=Ture 和 cannot-link(x_a, x_b)=Ture 不能同时成立。因此，依据以上给出的性质，算法在执行时所加的数据点间的成对限制数往往要多于最初给定的。

鉴于图划分算法是一类基于两点间相似关系的方法，因此利用成对限制先验信息相对于数据的标记信息会比较容易一些。本节采用 must-link 和 cannot-link 这两种类型的成对限制来辅助免疫克隆图划分的划分搜索。

7.3.2　基于成对限制先验信息的相似性测度

在本节介绍的方法中，利用成对限制先验信息来构造基于流形距离的相似性矩阵（见公式（2-7）），使得相似性矩阵同时体现了成对限制先验信息和数据的空间一致性信息。

这里，对公式（2-7）中两点之间的欧氏距离 $\mathrm{dist}(P_K, P_{K+1})$ 施加成对限制先验信息：

如果 must-link$(P_K, P_{K+1}) = \mathrm{Ture}$，则 $\mathrm{dist}(P_K, P_{K+1}) = 0$；

如果 cannot-link$(P_K, P_{K+1}) = \mathrm{Ture}$，则 $\mathrm{dist}(P_K, P_{K+1}) = \inf$。

这样构造的相似性矩阵一方面充分体现了数据的全局一致性；另一方面实现了成对限制先验信息在样本空间的有效传播，这是因为流形距离测度可以发现数据内部固有的空间分布信息，这种传播方法是根据数据聚类的空间分布特性来传播限制的影响，因而可以有效地避免因为提供了信息含量少的限制所造成的对聚类的误导作用。

因此，本节介绍的基于免疫克隆选择的半监督图划分算法就是首先利用成对限制监督信息构造基于流形距离测度的相似性测度，然后采用 7.2 节给出的基于免疫克隆选择的图划分算法进行聚类。也就是说，将 7.2.4 小节给出的算法步骤中的第一步采用 7.3.2 小节介绍的方法来代替。

7.3.3　实验结果与讨论

实验中，将基于免疫克隆选择的半监督图划分（ICS-SGP）算法与密度敏感的半监督谱聚类（density-sensitive semi-supervised spectral clustering, DS-SSC）算法[45]进行性能比较，所有实验中成对限制的数目取自 0～200。对于每一个给定的限制数目进行 20 次实验，输出平均结果。由于所选限制的不同，对于聚类算法的性能有着很大的影响，为了实验的公平性，对于同一个限制数目产生的 20 组限制必须是不同的。此外，当限制数目为 0 时，方法中都没有利用监督信息。这里将未利用限制信息的 ICS-SGP 算法和 DS-SSC 算法简称为 ICS-GP 算法和 DS-SC 算法，所有方法采用相同的参数设置，确保了各个算法竞争的公平性，对于 USPS 手写体数据集和 UMIST 人脸数据集，$\rho = e^{rho}$，rho 参数变化范围分别为 $[2^{-9}, 2^{-8.9}, \cdots, 2^{-5}]$ 和 $[2^{-8}, 2^{-7.9}, \cdots, 2^{-4}]$。同样地，ICS-SGP 算法和 DS-SSC 算法也涉及参数选择问题。对于所有实验，采用 ICS-GP 算法在每个数据集上取得最优性能（利用聚类正确率来衡量算法的性能）下的参数作为 ICS-SGP 算法和 DS-SSC 算法的参数。为了公平起见，还给出了两种算法在 DS-SC 算法的最优参数（DS-SC 算法取得最优性能下的参数）下的实验结果。这里对 USPS 手写体数据集和 UMIST 人脸数据集进行实验，并且依然采用聚类正确率来衡量算法的性能。本节采用的部分数字的 USPS 手写体数据集和部分人脸的 UMIST 人脸数据集在表 7-4 中给出。

表 7-4　部分数字的 USPS 手写体数据集和部分人脸的 UMIST 人脸数据集介绍

手写体数据集	样本数	维数	类数
USPS{3, 5, 8}	492	256	3
USPS{3, 8, 9}	509	256	3
UMIST{1,2,3,4,5}	149	5152	5
UMIST{6,7,8,9,10}	116	5152	5
UMIST{4,9,12,14,16}	134	5152	5
UMIST{8,13,14,16,17}	130	5152	5

1. USPS 手写体数据集聚类结果分析

对于两组 USPS 手写体数据集，ICS-SGP 算法的最优参数 rho1 分别为 $2^{-5.6}$ 和 $2^{-6.6}$，DS-SSC 算法的最优参数 rho2 分别为 $2^{-5.8}$ 和 $2^{-5.9}$。图 7-8 给出了两种算法在两组 USPS 手写体数据集上随成对限制数目变化的性能曲线。从图 7-8 可以看出，当不提供成对限制先验信息时（即在图中的初始点处），对于所有数字集合，ICS-SGP 算法在参数 rho2 下的聚类性能要优于其在参数 rho1 下的结果，但是相差无几。实验结果表明，对于 USPS 手写体数据集，ICS-SGP 算法对参数相对不敏感；DS-SSC 算法在参数 rho2 下的聚类性能要优于其在参数 rho1 下的结果，DS-SSC 算法在两个参数下的结果相差很多，表明对于 USPS 手写体数据集，DS-SSC 算法对于参数相对较敏感。在图中的初始点处，ICS-SGP 在任一参数下的聚类性能都要明显优于 DS-SSC 算法在任一参数下的结果。当逐步加入成对限制先验信息后，ICS-SGP 算法在两个参数下的聚类性能相当且都得到了逐步提高；DS-SSC 算法随着成对限制先验信息的增多，在参数 rho2 下的聚类性能要明显优于其在参数 rho1 下的结果。可以看到，DS-SSC 算法在任一参数下的聚类性能还是要低于 ICS-SGP 算法在任一参数下的聚类性能，表明对于 USPS 手写体数据集，ICS-SGP 算法的性能明显优于 DS-SSC 算法。需要注意的是，随着成对限制数目的增加，两个算法的聚类正确率并不总是随之增加，有时甚至出现了聚类正确率下降的现象。这主要是因为在此限制数目下，20 次实验随机产生的限制信息不够理想，如果增加重复实验的次数，性能曲线会变化得平坦一点。

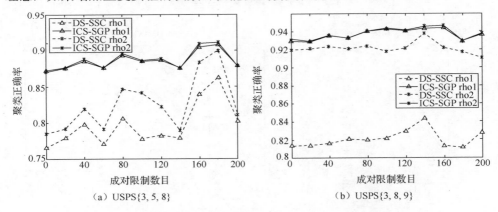

（a）USPS{3, 5, 8}　　　　　　　　　　　　（b）USPS{3, 8, 9}

图 7-8　ICS-SGP 算法和 DS-SSC 算法在两组 USPS 手写体数据集上随成对限制数目变化的性能曲线

2. UMIST 人脸数据集聚类结果分析

从人脸数据集中挑选{1,2,3,4,5}、{6,7,8,9,10}、{4,9,12,14,16}和{8,13,14,16,17}作为实验数据。对于这四组数据集，DS-SSC 算法的最优参数 rho2 分别为 $2^{-4.3}$、$2^{-4.6}$、$2^{-5.2}$ 和 $2^{-4.8}$，ICS-SGP 算法的最优参数 rho1 分别为 $2^{-5.7}$、$2^{-4.1}$、$2^{-5.0}$ 和 $2^{-4.2}$。图 7-9 给出了 ICS-SGP 算法和 DS-SSC 算法在四组 UMIST 人脸数据集上随成对限制数目变化的性能曲线。从图 7-9 可以看出，在 rho1 参数下，ICS-SGP 算法的聚类正确率要高于 DS-SSC 算法，在 rho2 参数下，绝大部分 DS-SSC 算法的聚类正确率要低于 ICS-SGP 算法。ICS-SGP 算法在 rho1 参数下的聚类性能基本都优于 DS-SSC 算法在任一参数下的结果。随着成对限制先验信息的增加，ICS-SGP 算法在 rho1 参数下的聚类性能是最优的，除了{1,2,3,4,5}数据集之外，DS-SSC 算法在参数 rho2 下获得了较优的聚类性能。对于这四个数据集，在 rho1 参数下，ICS-SGP 算法的聚类正确率在大多数情况下高于 DS-SSC 算法。在 rho2 参数下，除了{1,2,3,4,5}数据集以外，ICS-SGP 算法的聚类正确率要高于 DS-SSC 算法。实验结果表明，ICS-SGP 算法在人脸识别问题中具有优于 DS-SSC 算法的性能。

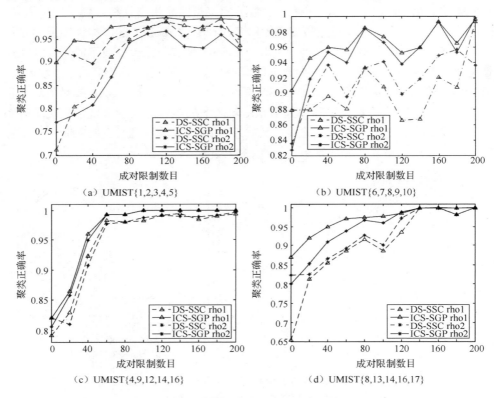

图 7-9　ICS-SGP 算法和 DS-SSC 算法在四组 UMIST 人脸数据集上
随成对限制数目变化的性能曲线

7.4　本　章　小　结

在本章中，首先介绍了一种新的求解图谱划分问题的算法：基于免疫克隆选择的图划分算法。该算法可以避免求解数据的拉普拉斯矩阵的特征向量来实现图谱划分，并在新方法中引入了流形距离来构造相似性矩阵，使得新算法可以有效处理具有复杂结构的数据，人工数据集、手写体识别问题和人脸识别问题的仿真实验表明了新算法具有良好聚类性能。值得指出的是，ICSGP 算法的良好性能是以高的运算时间为代价的。ICSGP 算法采用免疫克隆算法来优化图谱划分准则，且采用的编码方式造成算法收敛过慢，使得算法的运算时间要明显高于 MDSC 算法、SC 算法和 KM 算法，设计一种更为有效的编码方式将是下一步的研究工作。

此外，在免疫克隆选择图划分的基础上引入半监督聚类的思想，介绍了基于免疫克隆选择的半监督图划分算法。新算法利用成对限制先验信息来引导聚类过程，手写体识别问题和人脸识别问题的仿真实验表明了新算法具有的良好性能。值得指出的是，给定的成对限制先验信息理想与否对于聚类结果有很大的影响，这一点可以从实验结果中明显看出。因此，将信息量更丰富的限制信息，如相对比较限制信息，引入到基于免疫克隆选择的半监督图划分算法中是一项值得研究的工作。

参 考 文 献

[1] SHI J, MALIK J. Normalized cuts and image segmentation[J]. IEEE Transactions on Pattern Analysis and Machine Intelligence, 2000, 22(8): 888-905.

[2] 焦李成, 杜海峰, 刘芳, 等. 免疫优化计算、学习与识别[M]. 北京: 科学出版社, 2006.

[3] 杜海峰, 刘若辰, 焦李成, 等. 求解 0_1 背包问题的人工免疫抗体修正克隆算法[J]. 控制理论与应用, 2005, 22(3): 348-352.

[4] 杜海峰, 公茂果, 刘若辰, 等. 自适应混沌克隆进化规划算法[J]. 中国科学 E 辑信息科学, 2005, 35(8): 817-829.

[5] 雷蕾, 余晓东, 王晓丹, 等. 基于免疫克隆选择的最优 ECOC 编码输出[J]. 电子学报, 2018, 46(12): 3044-3049.

[6] JING Y, ZHANG Z. A study on car flow organization in the loading end of heavy haul railway based on immune clonal selection algorithm[J]. Neural Computing and Applications, 2019, 31(5): 1455-1465.

[7] 刘汉强. 免疫克隆选择图划分方法[J]. 计算机应用研究, 2012, 29(9): 3516-3520.

[8] 刘汉强. 半监督免疫克隆选择图划分方法[J]. 计算机工程与应用, 2014, 50(22): 11-16.

[9] DHILLON I S, GUAN Y, KULIS B. Weighted graph cuts without eigenvectors: A multilevel approach[J]. IEEE Transaction on Pattern Analysis and Machine Intelligence, 2007, 29(11): 1944-1957.

[10] TENENBAUM J B, DE SILVA V, LANGFORD J C. A global geometric framework for nonlinear dimensionality reduction[J]. Science, 2000, 260: 2319-2323.

[11] 王玲, 薄列峰, 焦李成. 密度敏感的谱聚类[J]. 电子学报, 2007, 35(8): 1577-1581.

[12] 公茂果, 焦李成, 马文萍, 等. 基于流形距离的人工免疫无监督分类与识别算法[J]. 自动化学报, 2008, 34(3): 367-375.

[13] 莫宏伟. 人工免疫系统原理与应用[M]. 哈尔滨: 哈尔滨工业大学出版社, 2002.

[14] 丁永生, 任立红. 人工免疫系统: 理论与应用[J]. 模式识别与人工智能, 2000, 13(1): 52-59.

[15] FARMER J D, PACKARD N H, PERELSON A S. The immune system, adaptation, and machine learning[J]. Physica D, 1986, 2: 187-204.

[16] PERELSON A S. Immune network theory[J]. Immunological Reviews, 1989, 110: 5-36.

[17] VERTOSICK F T, KELLY R H. Immune network theory: A role for parallel distributed processing[J]. Immunology, 1989, 66: 1-7.

[18] 靳蕃, 范俊波, 谭永东. 神经网络与神经计算机原理应用[M]. 成都: 西南交通大学出版社, 1991.

[19] 曹先彬, 刘克胜, 王煦法. 基于免疫遗传算法的装箱问题求解[J]. 小型微型计算机系统, 2000, 21(4): 361-363.

[20] 罗文坚, 曹先彬, 王煦法. 免疫网络调节算法及其在固定频率分配问题中的应用[J]. 自然科学进展, 2002, 12(8): 890-893.

[21] 罗文坚, 曹先彬, 王煦法. 用一种免疫遗传算法求解频率分配问题[J]. 电子学报, 2003, 31(6): 915-917.

[22] 莫宏伟, 吕淑萍, 管凤旭, 等. 基于人工免疫系统的数据挖掘技术原理与应用[J]. 计算机工程与应用, 2004, 14: 28-33.

[23] 焦李成, 杜海峰. 人工免疫系统进展与展望概况[J]. 电子学报, 2003, 31(10): 1540-1548.

[24] 刘若辰, 杜海峰, 焦李成. 一种免疫单克隆策略算法[J]. 电子学报, 2004, 32(11): 1880-1884.

[25] 公茂果, 焦李成, 杜海峰, 等. 用于约束优化的人工免疫响应进化策略[J]. 计算机学报, 2007, 30(1): 37-47.

[26] 马文萍, 焦李成, 张向荣, 等. 基于量子克隆优化的 SAR 图像分类[J]. 电子学报, 2007, 35(12): 2241-2246.

[27] 焦李成, 公茂果, 王爽, 等. 自然计算、机器学习与图像理解前沿[M]. 西安: 西安电子科技大学出版社, 2008.

[28] 焦李成, 尚荣华, 刘芳, 等. 认知计算与多目标优化[M]. 北京: 科学出版社, 2017.

[29] 焦李成, 赵进, 杨淑媛, 等. 深度学习、优化与识别[M]. 北京: 清华大学出版社, 2017.

[30] FORREST S, PERELSON A S, ALLEN L, et al. Self-nonself discrimination in a computer[C]. Proceedings of the 1994 IEEE Symposium on Research in Security and Privacy, Oakland, USA, 1994: 202-212.

[31] DE CASTRO L N, VON ZUBEN F J. The clonal selection algorithm with engineering applications[C]. Proceedings of the Genetic and Evolutionary Computation Conference 2000 Workshop Proceedings, Las Vegas, USA, 2000: 36-37.

[32] KIM J, BENTLEY P. Towards an artificial immune system for network intrusion detection: An investigation of dynamic clonal selection[C]. Proceedings of the 2001 Congress on Evolutionary Computation, Seoul, Korea, 2001: 1015-1020.

[33] 王磊. 免疫进化计算理论及应用[D]. 西安: 西安电子科技大学, 2001.

[34] ENDOH S, TOMA N, YAMADA K. Immune algorithm for n-TSP[C]. IEEE International Conference on Systems, Man, and Cybernetics, San Diego, USA, 1998: 3844-3849.

[35] BURNET F M. The Clonal Selection Theory of Acquired Immunity[M]. Nashville: Vanderbilt University Press, 1959.

[36] 周光炎. 免疫学原理[M]. 上海: 上海科学技术文献出版社, 2000.

[37] DHILLON I, GUAN Y, KULIS B. Kernel k-means, spectral clustering and normalized cuts[C]. Proceedings of 10th ACM Knowledge Discovery and Data Mining Conference, Seattle, USA, 2004: 551-556.

[38] GENG X, ZHAN D C, ZHOU Z H. Supervised nonlinear dimensionality reduction for visualization and classification[J]. IEEE Transactions on Systems, Man, and Cybernetics, Part B, 2005, 35(6): 1098-1107.

[39] ZHU X J. Semi-supervised learning literature survey[R]. Technical Report 1530, University of Wisconsin-Madison, 2006.

[40] WAGSTAFF K, CARDIE C, ROGERS S, et al. Constrained k-means clustering with background knowledge[C]. Proceedings of the 18th International Conference on Machine Learning, Williamstown, Australia, 2001: 577-584.

[41] BENSAID A M, HALL L O, BEZDEK J C, et al. Partially supervised clustering for image segmentation[J]. Pattern Recognition, 1996, 29(5): 859-871.

[42] KLEIN D, KAMVAR S D, MANNING C D. From instance-level constraints to space-level constraints: Making the most of prior knowledge in data clustering[C]. Proceedings of the 19th International Conference on Machine Learning, Sydney, Australia, 2002: 307-314.

[43] XING E P, NG A Y, JORDAN M I, et al. Distance metric learning, with application to clustering with side-information[C]. Proceeding of the 15th International Conference on Neural Information Processing Systems 15, Vancouver, Canada, 2002: 505-512.

[44] 范九伦, 高梦飞, 于海燕, 等. 基于半监督信息的截集式可能性 C-均值聚类算法[J]. 电子与信息学报, 2021, 43(8): 2378-2385.

[45] 王玲, 薄列峰, 焦李成. 密度敏感的半监督谱聚类[J]. 软件学报, 2007, 18(10): 2412-2422.

[46] WAGSTAFF K, CARDIE C. Clustering with instance-level constraints[C]. Proceedings of the 17th International Conference on Machine Learning, Stanford, USA, 2000: 1103-1110.